李武炎◎主編

什麼不是
數學？

臺灣商務印書館

什麼不是數學？／李武炎主編. --初版. --臺
北市：臺灣商務，2012. 01
　　面　；　公分. --（商務科普館）

　ISBN 978-957-05-2665-3(平裝)

　1.數學　2.通俗作品

310　　　　　　　　　　100022214

商務科普館

什麼不是數學？

作者◆李武炎主編

發行人◆施嘉明

總編輯◆方鵬程

主編◆葉幗英

責任編輯◆徐平

美術設計◆吳郁婷

出版發行：臺灣商務印書館股份有限公司
臺北市重慶南路一段三十七號
電話：(02)2371-3712
讀者服務專線：0800056196
郵撥：0000165-1
網路書店：www.cptw.com.tw
E-mail：ecptw@cptw.com.tw
局版北市業字第 993 號
初版一刷：2012 年 1 月
初版二刷：2012 年 7 月
定價：新台幣 300 元

ISBN 978-957-05-2665-3

科學月刊叢書總序

◎—林基興

《科學月刊》社理事長

公益刊物《科學月刊》創辦於 1970 年 1 月，由海內外熱心促進我國科學發展的人士發起與支持，至今已經四十一年，總共即將出版五百期，總文章篇數則「不可勝數」；這些全是大家「智慧的結晶」。

《科學月刊》的讀者程度雖然設定在高一到大一，但大致上，愛好科技者均可從中領略不少知識；我們一直努力「白話說科學」，圖文並茂，希望達到普及科學的目標；相信讀者可從字裡行間領略到我們的努力。

早年，國內科技刊物稀少，《科學月刊》提供許多人「（科學）心靈的營養與慰藉」，鼓勵了不少人認識科學、以科學為志業。筆者這幾年邀稿時，三不五時遇到回音「我以前是貴刊讀者，受益良多，現在是我回饋的時候，當然樂意撰稿給貴刊」。唉呀，此際，筆者心中實在「暢快、叫好」！

《科學月刊》的文章通常經過細心審核與求證，圖表也力求搭配文章，另外又製作「小框框」解釋名詞。以前有雜誌標榜其文「歷久彌新」，我們不敢這麼說，但應該可說「提供正確科學知識、增進智性刺激思維」。其實，科學也只是人類文明之一，並非啥「特異功能」；科學求真、科學可否證（falsifiable）；科學家樂意認錯而努力改進——這是科學快速進步的主因。當然，科學要有自知之明，知所節制，畢竟科學不是萬能，而科學家不

可自以為高人一等，更不可誤用（abuse）知識。至於一些人將科學家描繪為「科學怪人」（Frankenstein）或將科學物品說成科學怪物，則顯示社會需要更多的知識溝通，不「醜化或美化」科學。科學是「中性」的知識，怎麼應用科學則足以導致善惡的結果。

科學是「垂直累積」的知識，亦即基礎很重要，一層一層地加增知識，逐漸地，很可能無法用「直覺、常識」理解。（二十世紀初，心理分析家弗洛伊德跟愛因斯坦抱怨，他的相對論在全世界只有十二人懂，但其心理分析則人人可插嘴。）因此，學習科學需要日積月累的功夫，例如，需要先懂普通化學，才能懂有機化學，接著才懂生物化學等；這可能是漫長而「如倒吃甘蔗」的歷程，大家願意耐心地踏上科學之旅？

科學知識可能不像「八卦」那樣引人注目，但讀者當可體驗到「知識就是力量」，基礎的科學知識讓人瞭解周遭環境運作的原因，接著是怎麼應用器物，甚至改善環境。知識可讓人脫貧、脫困。學得正確科學知識，可避免迷信之害，也可看穿江湖術士的花招，更可增進民生福祉。

這也是我們推出本叢書（「商務科普館」）的主因：許多科學家貢獻其智慧的結晶，寫成「白話」科學，方便大家理解與欣賞，編輯則盡力讓文章賞心悅目。因此，這麼好的知識若沒多推廣多可惜！感謝臺灣商務印書館跟我們合作，推出這套叢書，讓社會大眾品賞這些智慧的寶庫。

《科學月刊》有時被人批評缺乏彩色，不夠「吸睛」（可憐的家長，為了孩子，使盡各種招數引誘孩子「向學」）。彩色印刷除了美觀，確實在一些說明上方便與清楚多多。我們實在抱歉，因為財力不足，無法增加彩色；還好不少讀者體諒我們，「將就」些。我們已經努力做到「正確」與「易懂」，在成本與環保方面算是「已盡心力」，就當我們「樸素與踏實」吧。

從五百期中選出傑作，編輯成冊，我們的編輯委員們費了不少心力，包

括微調與更新內容。他們均為「義工」，多年來默默奉獻於出點子、寫文章、審文章；感謝他們的熱心！

　　每一期刊物出版時，感覺「無中生有」，就像「生小孩」。現在本叢書要出版了，回顧所來徑，歷經多方「陣痛」與「催生」，終於生了這個「智慧的結晶」。

「商務科普館」
刊印科學月刊精選集序

「科學月刊」是臺灣歷史最悠久的科普雜誌，四十年來對海內外的青少年提供了許多科學新知，導引許多青少年走向科學之路，為社會造就了許多有用的人才。「科學月刊」的貢獻，值得鼓掌。

在「科學月刊」慶祝成立四十週年之際，我們重新閱讀四十年來，「科學月刊」所發表的許多文章，仍然是值得青少年繼續閱讀的科學知識。雖然說，科學的發展日新月異，如果沒有過去學者們累積下來的知識與經驗，科學的發展不會那麼快速。何況經過「科學月刊」的主編們重新檢驗與排序，「科學月刊」編出的各類科學精選集，正好提供讀者們一個完整的知識體系。

臺灣商務印書館是臺灣歷史最悠久的出版社，自一九四七年成立以來，已經一甲子，對知識文化的傳承與提倡，一向是我們不能忘記的責任。近年來雖然也出版有教育意義的小說等大眾讀物，但是我們也沒有忘記大眾傳播的社會責任。

因此，當「科學月刊」決定挑選適當的文章編印精選集時，臺灣商務決定合作發行，參與這項有意義的活動，讓讀者們可以有系統的看到各類科學

發展的軌跡與成就，讓青少年有興趣走上科學之路。這就是臺灣商務刊印「商務科普館」的由來。

「商務科普館」代表臺灣商務印書館對校園讀者的重視，和對知識傳播與文化傳承的承諾。期望這套由「科學月刊」編選的叢書，能夠帶給您一個有意義的未來。

2011 年 7 月

主編序

◎―李武炎

「科學月刊」一本提倡科學教育的初衷，四十年來發表了許多膾炙人口的數學科普作品，對於於充實教科書以外的數學知識，引發學生對數學學習的興趣，起了很大的作用，「科學月刊」一直都是最佳的課外讀物，這一次「科學月刊」與「臺灣商務印書館」合作，精選其中已經出版的文章再次集結印行，以饗喜愛數學的讀者。接下編輯的任務，不啻是一項艱難的任務，因為要在眾多的好文章中挑出十幾篇來打頭陣，實在是難以取捨，最後所定稿的十九篇文章當然跟我個人的品味有關，不過我也預先設立幾個原則：第一是文章的可讀性要很高，最好是有趣又能益智的題材，例如這一輯所選中的「韓信點兵」、「魔方陣」、「圓周率 π」以及「費瑪最後定理」等都是為一般人比較熟知且深感興趣的，其中韓信點兵是古典的數論問題，是研究有關餘數的題目，其解法是中國人最早發現的，所以被稱為「中國剩餘定理」，「魔方陣」是中國民間流行的智力遊戲，也是古代中國數學家鑽研的題材，「圓周率 π」則是為人們津津樂道的，是小學生數學學習第一個碰到的常數，它的故事充滿樂趣，而「費瑪最後定理」的證明成功堪稱二十世紀數學發展的里程碑；選材的第二原則是內容的多元化且具有啟發性，為了配合這個原則，我也挑了幾篇介紹數學家典故的文章，其中有史上三大數

學家之一的阿基米得，也有對代數學的發展具關鍵性的天才數學家伽羅瓦，他的典故與本專輯中的「代數的故事」有關，希望對喜好數學的學子有激勵啟發的作用。

我個人覺得這一次所編輯出版的文章都是精彩的，而且作者的書寫技巧也是一流的，這些作者有多位是長期替「科學月刊」撰稿的前輩，他們在「科學月刊」出版的作品很多，可惜限於篇幅，有一些也很棒的文章只好割愛，希望下一次「臺灣商務印書館」再出版續集時能加以收納。

這一版的文章中有很多是「科學月刊」前三十年所發表的，這些資料沒有 pdf 檔，只有網路版，所以圖檔的部分與部分的資料是用拷貝的方法呈現，可能不是很清晰，也有一部分的附錄採用重製的方式，如果有造成讀者閱讀上的不便，在此先向讀者致歉，請多多包涵。

「科學月刊」是本土的科普刊物，秉持啟迪民智培養科學態度的宗旨，四十載已建立一座藏量豐富的寶庫，藉由與「臺灣商務印書館」合作，我們將陸續推出精華版，請「科學月刊」的舊雨新知多多支持。

CONTENTS
目　錄

什麼不是數學？

◎—楊維哲

臺灣大學名譽教授，擔任大學聯考闈場闈長多年。

呃，我的題目是「什麼不是數學？」當然你知道這樣的題目純粹是耍噱頭，這個題目其實就是「什麼是數學？」這怎麼說呢？「什麼不是數學」＝「什麼是數學」，對我要演講來說，用這兩個題目其實是一樣的，在數學裡叫作等價。等價的情形很多，而且是數學上最重要的一個概念。大致說來是兩件事情：一個是說「這個東西是那個東西的充分必要條件」。這樣的事情在數學裡最多了，如高等微積分、高等代數裡所說的「這個性質其實就是那個性質，兩者完全一樣」、「這兩個命題（statement）等價」。等價有別種用法，譬如等價關係（equivalence relation）。例子有很多，你很清楚啦，星期一、星期二、…………星期七、星期八……，對我們來說沒什麼要緊，因為星期七就是星期天，星期八就是星期一。這怎麼講呢？這就是所謂的modulo，$8 \equiv 1$（modulo 7）——對 7 來說，8 和 1 是等餘（餘數相等）——這也是等價。我用這個題目的理由是效果

完全一樣，而且可以耍噱頭。另外一個理由是：理論上說來，如果我們把「什麼是數學」說清楚，那麼「什麼不是數學」也就很清楚了，反過來說也一樣。這等於是數學裡的所謂「補集」（complement），有 $(A^c)^c = A$，所謂「負負得正」——補集合的補集合得到原集合。我打算在「什麼是數學」這欄講一些，在「什麼不是數學」那欄講一些，這樣一點一點講、積起來，情形就會變成「瞎子摸象」。「瞎子摸象」的道理本來是講人的偏執所見，有的人摸到的是這樣，有的人摸到的是那樣，就說象是怎麼樣的，其實這都不是嘛！不過，我們想清楚了，就知道瞎子摸象不應該這麼講，我們應該有比較正面、比較積極的說法。把我所摸到的各部分綜合起來，「象是什麼」也就更清楚了。我就打算這樣點點滴滴地講，這當然一點都不系統，不過沒有關係，你多少總會得到一點兒概念。

年老的數學家楊（L. Young）的數學史書上有這樣的故事：他是個英國佬，到屬地南非當教授。有一天接到一張請帖，他很高興，為了對得起胃，那天中午就不吃飯，照經驗這是對的。結果，到時候才發現，大家都是西裝筆挺，吃飽了飯來的，而且他竟是那天的演講者。而演講題目是什麼呢？——「什麼是數學？」他沒有演講的經驗又空著肚子，主人殷勤奉上的咖啡，使他越喝越苦澀。不得已，也只有開始講啦，小時候學過兩個蘋果加上三個蘋果等於五個

蘋果，這是不是數學呢？他自己就答 No，這當然不算數學；好了，那麼高深一點的，水流問題、雞兔同籠（即假設是「中國式」的來講）是不是數學呢？這當然也不是數學；再過來到初中時，解方程式有 $\dfrac{-b\pm\sqrt{b^2-4ac}}{2a}$，是不是數學呢？這個也不是。好了，都不是數學——他不曉得如何度過那個晚上。

我認為，楊的「什麼是數學、什麼不是數學」這樣的說法，多少也說出了「什麼是數學」。

數學很注重所謂的本質（essense），我這裡講的 essense 不想作嚴格的定義——馬馬虎虎啦。……說到馬馬虎虎，這也很重要。數學很重要的一點就是「馬馬虎虎」，你要是懂得什麼是馬馬虎虎，就懂得什麼是無所謂；而懂得什麼是無所謂，就如同你懂得什麼是 essense 一樣。所以你要懂得什麼地方該馬虎，該不在乎；什麼地方才是要緊，你要在乎，這是數學最重要的一件事情。好了，那什麼不是數學？最少，什麼不是數學家呢？這兒我就記了一些東西，這樣兩邊（見表「什麼是數學」與「什麼不是數學」兩欄）慢慢就會越記越多。我在街上看過很大的豎招——「名數學家」，你知道那是算命的，這年頭比較少，現在都是寫「哲學家」，他們當然都不是真正的數學家，也不是真正的哲學家。這當然不是數學啦，是算

數　　學	非數學
類　　推 數學教育 數理哲學 抽象化、公理化、一般化	占 星 術 考試數學 新 數 學

命的。實際上我就真的考證過，譬如，《說唐》故事裡出現的欽天監李淳風，就是真的數學家，他曾對《九章算經》作注。古時候的欽天監就是數學家，那麼欽天監這官兒是幹什麼的呢？是替皇帝算命的。實際上，我們也知道像克卜勒（Kepler），是天文臺的頭子，可是他實際上也要替什麼王公貴族算命。事實上是有一段時期，這些天文學家、算命的都是數學家，數學家也都是算命的，實在是無可奈何的事。但無論如何，星象學（astrology）是一種「不是數學的數學」。

又有一個故事，是關於大數學家歐拉（Euler）。百科全書派的狄德洛（Diderot）是位典型的知識分子，絕對不信什麼牛鬼蛇神，什麼救主、得道。大家都辯不過他，於是想到找大數學家歐拉來對付他，歐拉就寫了一個公式 $e^{i\pi} = -1$（譬如說），接著說「所以上帝存在」。故事裡說狄德洛沒辦法，只得「抱頭鼠竄」而去。我要講的是——這一點很重要——歐拉研究的是數學，但是他講的那句話

不是數學。

　　數學家真正用心去研究的是有一點數學。著名的色幻體（亦有稱之魔術方塊），我的老師，我們系上（臺大數學系）的施拱星教授就曾以此為例演講過。他慢慢兒跟你講如何用變換群（transformation group）來看它，考慮它的軌道（orbit）。色幻體大家都玩過，多少有一些觀察，一些歸納，這當中也是有一些數學的，對不對?!譬如，轉來轉去，頂點仍然是頂點，中心仍是中心。當然，以我們的年紀很快就可以觀察出來了；可是事實上並不那麼簡單，這裡的數學主要是群論（或變換群論），而最初的一個問題是「對稱」。

　　在數學上會提到「對稱函數」，譬如 $f(x,y) = x^2 + xy + y^2$ 是 x、y 的對稱函數，因為 x 變 y，y 變 x，結果還是原式：$f(x,y) = f(y,x)$。你也知道什麼是交代式，就是 x、y 交換，使結果變個符號——$f(x,y) = -f(y,x)$。另外還有奇函數、偶函數〔奇函數：$f(x) = -f(-x)$，偶函數：$f(x) = f(-x)$〕。

　　然後你注意到偶函數加偶函數得偶函數，奇函數加奇函數得奇函數；偶函數乘偶函數得偶函數，偶函數乘奇函數得奇函數，奇函數乘奇函數得偶函數，這有點像負負得正的情形，事實上是嘛！本來就是啊！在數學上叫做「同態」（homomorphic）就是「在某種意味上，它們的本質是一樣的」。

在數學裡，我們隨時隨地要注意類推（analogy），這當然是數學的本質之一。剛剛說的對稱式與交代式以及奇函數與偶函數的情形也一樣，當然這有統一的理論，是群論裡最簡單的情形，群論討論的是更複雜的對稱。這其中都有一個類推，你要觀察出，咦，這很相像——這可以說是數學的開始。或是我們常常會說觀察到某種對稱性，這可以說是所有觀察裡最重要的，不只是在數學，在物理學也是如此。「類推」是什麼意思呢？是「相像」而不是「相同」，你要看出是什麼地方一樣，什麼地方不一樣。

　　呃，什麼是數學呢？通常的說法可分成理論數學、應用數學，我記得施教授說過還有第三種「考試數學」。考試數學就不是數學了，為什麼呢？你看那些人天天準備數學，在補習班補數學，其實他們只是在練習「反射作用」！根本不用大腦，也不用小腦，只用延腦、間腦。學數學不是這樣子的，不是學的要快，是要你把它想得很深刻，知道它的本質。好了，「考試數學」不是數學，還有什麼東西不是數學？「新數學」就不是數學。所謂「新數學」，就是什麼東西都要用集合（set）來講，如此而已！施教授就說過：「set是康托（Cantor）提出來的，已經一百年，不算新了。」什麼東西都用集合，我可以舉例子來說明這有多荒謬。我女兒打跆拳回家，最先就喊「媽咪！」——還好她中「新數學」的毒不太深，否則她要

喊「那個 singleton set——我媽媽所形成的那個集合——在哪裡？」
而我說的時候就更糟糕了：「我太太所形成的集合在哪裡？」人家
要問了，咦，你太太還可以形成一個集合啊！你是摩門教徒，還是
回教徒？什麼東西都用集合，有時真是很荒謬。

解方程式 $3x^2 + 2x - 7 = 0$，「新數學」卻這麼說——求
$3x^2 + 2x - 7 = 0$ 的解集合——那些人以為這樣就是數學，數學就是
這樣；當然，這可一點都不是數學。

這兒我還列了一些「什麼是數學」——數學教育和數學的哲
學。我的理由很簡單，數學念通了，你當然可以教人，但教法是有
點兒講究的，有的人口才好教得好一點。但是這區別不大，你真正
的會，等於只要把你的學習過程重覆一遍，因為你跟他會犯的錯誤
差不多一樣，重要的是過程。我們學數學，重要的當然是整個思考
的過程，所以我們在思考如何教人的同時，其實是心得最多的時
候，這是數學。那麼哲學呢？有些自命哲學家——算命的佇談什麼
科學哲學、數學理哲學，就像我一位朋友說的，要談那些個也要自
己先把數學、物理都弄通了，才有資格講。平常我上課就常提到一
句羅素說的俏皮話（跟數學有關）：「The number of a set is the set of
all sets which have this number as their number of set.」（對一個集合，它
的元素個數就是「所有有同樣元素個數的集合的那個集合」）這個

定義不是很好，我知道，這有點兒矛盾，但是這裡的邏輯家不需要跟我辯論，我說過馬馬虎虎啦，數學就是要馬馬虎虎，要講本質。這就是所謂的「抽象化」，譬如要得到「4」這個概念，我把所有有「4」這個屬性的那些東西都拿出來，就可以具體表達出「4」這個概念；它的意思只不過是這樣，一點都沒有深奧之處。

剩下的時間，我想比較正面的來講「數學是什麼」。講數學的分類並不重要，要緊的是講它的本質，那麼數學的本質是什麼？我們剛剛講的──數學家讀的、做的──但這不是很好。比較好的是克爾文（Kelvin）的定義──數學只不過是「精煉的常識」（refined common-sense），這裡當然有好多層意思，我想我可以舉例。我上大一微積分課，講到微分學的應用，最重要的應用是極大、極小。所謂「應用數學」，最根本的問題就是極大、極小，為什麼呢？因為我要賺最多的錢，或是吃虧最少。那麼極大極小最簡單的問題是什麼呢？這裡有一個故事：

日本有一位文學家菊池寬，他說數學其實沒有用，所用到的只有一個──兩點間直線的距離最短。

所以走路的時候永遠是直進了──行必（不）由徑啦！你不信?!只要看看我們校園裡的草坪；其實我們都是這麼走法，這是「良知良能」──不懂什麼定理不定理，也照樣這麼走。施教授就說嘛，

這不是人的「良知良能」，是狗的「良知良能」，這 level 用不到「人」嘛！對呀，你看看狗也是這麼走的。你覺得人的尊嚴掃地了?! O.K.改一改！兩千多年前，希隆（Heron）提出假說（hypothesis）解釋光線直進：「光線走最短距離，所以就直進。」這個精煉的常識，狗就提不出來了！有數學，人才有尊嚴。後來到了費瑪（Fermat），說法也不一樣啦，他提到「折射」，這也應該用極小原理來說明：光從一個介質進到另一介質，所用的時間要最短，而不是距離最短。那麼在不同介質中光速不一樣，他就利用這個說法，以微分法來推，完全能夠解釋司乃耳的折射原理了，這當然很偉大。我上大一微積分課時，常常跟同學們舉一個例子〔從費因曼（Feynman）講義抄來的〕：你人在沙灘上，遠遠地海上有人喊救命。如果你的程度跟狗一樣，你就直跑過去；如果你的程度跟費瑪一樣，或是有我們大一學生的程度，你就會應用折射原理算一算，跑遠一點路程再折過去、游過去——因為路上跑總比較快一點。

數學上有很多這樣子的例子，大部分的東西都有它常識的一面，道理其實很簡單，但是你要把它弄通、整個精煉。

以上的問題，費瑪的計算方法是（見圖），從 $(0, -a)$ 到 (c, b)（a、b、c 均 > 0），在 $(x, 0)$ 處打折，而在沙灘與海水中，你的速度分別是 u、v，那麼所需時間為

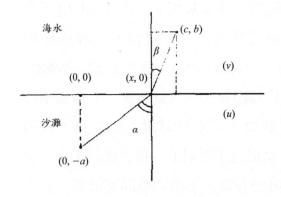

$$y = \frac{\sqrt{x^2 + a^2}}{u} + \frac{\sqrt{(c-x)^2 + b^2}}{v}$$

而求 y 之極小。實質上他用了微分法（解 $\frac{dy}{dx} = 0$），而算出 $\frac{\sin\alpha}{u} = \frac{\sin\beta}{v}$ 的司乃耳定律！

以求最大公因式的輾轉相除法來說，教科書上所講的，我就不太滿意，理由是：沒有一個很常識（common-sense）性的說法。想法是很自然的嘛，為什麼不強調呢？——這個問題本來是：找兩個長度的公共度量，當然這個度量不一定存在。假設存在，則用輾轉相除的想法來作就可以得到。想法是這麼簡單，是常識嘛！但是要「精煉」，這當然就牽涉到方法了。數學的方法大致說來是抓住要點，「抓住要點」是什麼呢？常常就是「抽象化」；我們常說數學要「公理化」、「抽象化」，要「推廣」，這些講起來都是把它「結晶」下來，你抓住的要點就是所謂的「公理」。為什麼要抽象化？就是要「以簡御繁」，以簡單的幾個要點來統概一切，我想很多人都知道這意思。

我上微積分課，跟同學們說，微積分最基本的一個技巧，說了半天，其實就是「變數代換」，事實上也是你常常用到的。我常舉以下的一個例子：

$$解 \quad (x+1)(x+2)(x+7)(x+8) = k$$

$$\Rightarrow \quad (x^2+9x+8)(x^2+9x+14) = k$$

$$\Rightarrow \quad \boxed{}^2 + 22\boxed{} + (112-k) = 0$$

....

我跟他們說過，我私自決定，如果有那位同學作題目時會自動利用這樣的 $\boxed{}$，我一定要加他二十分。結果我教了十年，沒有一位同學這樣做。（因為如果這麼寫，表示他太懂得「變數代換」，懶得寫「令 $u = x^2 + 9x$，則……」，這就是「抓住要點」了嘛！）微分的「連鎖規則」其實也就是「變數代換」，整個就只有一招──就是數學的精神所在。……呃，我這樣講，有點兒拉雜，列出的點也不夠多，不過時間也差不多了，就在這兒打住。

（編案：這是一篇演講紀錄，臺大理代會所主辦，1980 年 11 月 18 日由臺大數學系楊維哲教授主講）。

（1982 年 6 月號）

阿林談微積分（上）

◎—曹亮吉

芝加哥大學數學系博士，曾任教國立臺灣大學數學系

下了車，小華繃著慘白的臉：「這是什麼鬼路！彎彎曲曲的，車子轉來轉去，身子就跟著左搖右晃。又是一下子走，一下子停，把人搞得前仰後合的。哎呀！我差一點就吐出來了。」

「不對，不對，什麼前仰後合的，應該是後合前仰才對。」小明嘻嘻哈哈地說著，他是最不會暈車的。

「你說什麼？這又有什麼不同？」

「不同，不同，當然不同！車子一開動，人應該往後倒；車子一停，人應該往前倒。所以應該是後合前仰才對。」

「貧嘴。」小華嘟著嘴，無可奈何地說。

阿林看到小明嚥了一口口水，一付又要說話的樣子，忙著打圓場：「好了，好了。今天是出來郊遊的。再吵下去，興致就給你們弄光了。快走吧！」

轉過一段公路，登上了蜿蜒的山徑，走了一個鐘頭。只見一塊

巨石從茅草中突出。阿林說：「我們爬上去休息。這就是我說的『觀景石』。」

好不容易才把小華拉上那塊石頭。只見丈高茅草從身旁一直延伸到山腳，細長的公路成了界線。過了公路，則是一畦畦的稻田，綠油油地，一直漫延到對面的山腳邊。小華拍手叫著：「天氣好好哦！那邊一塊一塊的稻田都看得清清楚楚。綠油油的一片，今年一定豐收。」

「你懂得什麼！怎麼知道一定豐收？你連那裡有多少塊稻田都搞不清楚。」小明挑戰著。

「那還不簡單。橫的這邊有六塊，直的那邊有四塊。唔！不對，三塊。第四排並不全。」（如圖一）

「不全也要算呀！難道非得四四方方的才算是稻田？」

「那怎麼算？有的是半塊不到，有的大到快成一整塊，還有第五排，大部分的恐怕連四分之一塊都不到呢！你說怎麼算？」

「用微積分可以算

圖一

出來！」

「怎麼算？」

小明無助了，望著阿林。昨天阿林拉著他，硬要把微積分的神妙告訴他。小明想著趕一場電影，哪裡把阿林的「演講」聽進去。他只約略聽到一條曲線下的面積可以用畫格子的方法來算，那就是微積分。所以當他看到稻田一塊一塊地排著，就像昨天阿林畫在紙上的一樣。他就衝口說出可以用微積分算的話來。他有點後悔，不該說溜嘴。又後悔沒好好聽阿林的「演講」，否則今天就可以向小華炫耀一番。這時候的阿林彷彿佛光高照，滿臉微笑，瞧著小明：「怎麼樣！後悔了吧！」

經小明、小華的要求，阿林開口了，滔滔不絕，恨不得把一肚子的微積分全吐出來：

其實微積分是微分和積分的合稱。剛剛你們吵什麼身子左右晃動，前仰後合都是因為車子的速度有了變化的緣故。我們這個世界是動態的：地球環繞太陽而轉；地球上風的吹送，四季的輪換，潮汐的升降沒有不是動的；甚至一個人睡在床上，他的血液還在循環。就連微小的電子，基本粒子，它們都是不斷地以高速在運動著。位置的變化就是速度，速度的變化率就是加速度。研究這些變化率的就是微分。至於求面積的方法則是積分研究的對象。

那麼為什麼要把微分和積分扯在一起呢？這得談點歷史了。

每個人都知道微積分是牛頓和萊布尼滋發明的。但積分的觀念卻源遠流長，可以追溯到西元前三世紀。通常微積分課本都是講微分然後再講積分；而事實上，微分也比積分來得容易。可是歷史的發展卻正好相反：人們先考慮積分的問題，然後才考慮到微分的問題。

西元前三世紀左右正是希臘數學鼎盛的時候。前有尤多緒斯（Eudoxus），接著有歐幾里得，然後由阿基米得集其大成。他們用一套窮舉趨近法（Exhaustion）算出了許多圖形的面積，幾何體的體積以及曲線的長度。譬如阿基米得首先算出圓的面積和圓周的長度，也就是說圓周率的近似值。他還算出球體的體積和球面的面積，橢圓形的面積、圓柱、圓椎的面積和體積等等，他所用的方法就是傳統的窮舉趨近法。但事實上這種趨近法的極限值，是很難計算的，有人不禁要懷疑他是怎樣得到結果的。我們知道阿基米得也是靜力學和流體力學的鼻祖，他很漂亮地把槓桿原理應用到某些圓形上，而計算出這些圓形的面積。

「槓桿原理和面積又可以扯上關係？」

當然囉，這就是阿基米得偉大的地方。

從阿基米得以後雖然也出過偉大數學家，但是很少有人繼承他的工作。一直到十七世紀初，他的求積觀念才再度被重視，被研究。

文藝復興以後，物理學方面有了迅速的發展。其中最值得一提的就是克卜勒（Kepler）的行星運行三定律和伽俐略（Galileo）的落體運動。由於對於物理世界深入探討的結果，發覺為了研究這個動態的世界，我們往往需要採求某些數量的變化率。而在幾何方面，複雜曲線的研究往往從曲線的切線著手，而切線正代表曲線的變化率。這兩方面發展的結果逐漸成了微分學。

　　在牛頓、萊布尼滋以前，所有有關面積和變化率的探討大概都是個案的，沒有統一簡便的方法。直到他們的手中，微分和積分才有了系統化和符號化的研究，同時他們更發現微分和積分大體說來是互為反運算的，就像乘法和除法一樣，相互間有密切的關係。這個發現使許多觀念得以澄清，許多計算得以簡化，而且使微分和積分的運用大為推廣。這就是為什麼我們把微分和積分合在一起而稱為微積分的緣故。

　　「這麼說來，微積分並不是在他們手中無中生有的了！」

　　「當然，任何發展、任何發明都不是無中生有的。牛頓說過：『我不過是站在前人的肩頭上而已。』這句話是相當有道理的。

　　好了，說了這麼多。我們先去玩玩，回去後再把微積分慢慢告訴你們。」

　　第二天，小明和小華按捺不住好奇心，相約一起去找阿林。

小華搶著說道：「怎麼用積分來算稻田有多少塊呢？」

阿林拿著筆在白紙上畫了一條直線說道：「這就代表那條公路。」接著又畫了一條曲線代表山腳邊，然後把田地也都畫出來了。

「標有 1 號的田地是整塊的，而標上 2 號的田地都不是整塊的，所以照這個圖來看，稻田的個數應該在 21 塊到 28 塊之間。嘿！小明有什麼問題？」（如圖二）

「這就是微積分了？這樣算面積誰都會的。」

「不錯，一塊一塊算出它的面積就是求積分。積分本來並不是什麼深奧的東西。至於微分，那是求一個函數的變化率，這部分以後再談，我們現在先談談積分。」

「那麼我們要微積分——不，積分幹嘛？」

「積分就是用來求面積。你已經在求面積了，怎麼說積分沒用呢？」

「不是！」小明急辯道：「我是聽說積分有很多學問，是很難的東西。

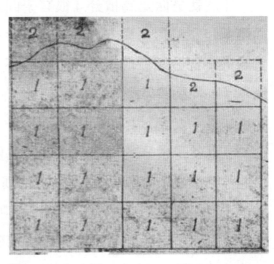

圖二

但照你這麼說，好像只是簡單算算它有幾塊田地而已。這是連小學生都會的呀！」

「對啦！這才是你要問的問題，是不是？」阿林慢條斯理地：「其實你剛才問的也不錯，積分還有很多其他用途，不光是算面積而已。這點待會再講。先回答你目前的困惑。就從你最初的話談起。你說，到底田地面積是多少？」

「不是二十一塊到二十八塊嗎？」

「是的，但這不夠精確。我問的是『到底』有幾塊？」

「……」

「這就是你認為積分『很有學問』的地方了。通常我們能算的面積都是正方形、長方形，或多邊形等等。這些圖形的周界都是由直線的一部分圍成的。但如有一邊不是直線，而是曲線，問題便不簡單了。你說該怎麼算？」

「是呀！該怎麼算？」

「這就是積分的問題了，就是我們要分田地的緣故了。那些不靠曲線的都是小方塊，而方形的面積是可以算的……。」

「但你剛才不是說，這不夠精確嗎？」小明忍不住插口。

「對的，但我們可設法弄得更精確些。我們可以把一塊田的每一邊分成兩等分而得到四片田地。這樣剛才一些靠邊不是整塊的部

分，又有一部分屬於小方塊。於是這次小方塊的總面積就更靠近實際面積。如此這般，當我們把田地分得越細小，所算出的面積就越精確。求面積的整個觀念就是這麼簡單。」（如圖三）

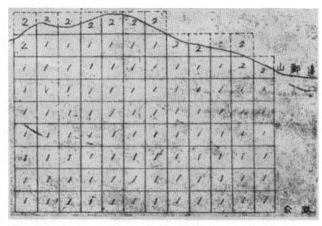

圖三

小明想了一想說：「那麼我們有沒有辦法算出真正的面積來呢？」

阿林皺了皺眉頭：「這個問題可大了。首先我們必須弄清楚什麼叫做一塊土地的真正面積。譬如一個以一公尺半徑的圓形土地，它的面積是圓周率乘上半徑的平方，也就是π平方公尺。那麼π用實際數字表示出來是多少呢？」

「3.1416」小華搶著說。

「你呢？」阿林望著小明。

小明想了一下，說：「我只能說 3.14159……但點點是什麼我就

不知道了。」

　　阿林笑了笑說：「怎麼樣？問題不簡單吧，就是最常見的圓面積也不能用一個較簡單的整數，有限小數或循環小數表示出來。這三類較熟悉的數叫有理數，而圓周率卻屬於『無理數』，是個不循環的無限小數。我們雖然理論上可以算出任何位的正確小數來。」

　　「那麼，圓周率到底是怎麼求得的呢？而圓的面積又該如何計算呢？」

　　「圓周率的求法有很多種。現在我們既然在談面積，我們就用窮舉趨近法來求圓的面積。如果這個圓的半徑是一公尺，我們求出圓面積便等於求出圓周率了。」

　　「是不是用像剛才畫格子的辦法？」

　　「你可以用那種方法。但因為圓是個太規則的圖形，我們可用更巧妙的辦法——我們可用正多邊形的方法來趨近它。

　　假定我們做了圓內接正四邊形和外切正四邊形：（如圖四）

　　顯然地，圓面積一定介在這兩個正方形之間。外切正四邊形每邊長 2，所以面積（叫它作 P_1）是：$P_1 = 2^2 = 4$ 內接正四邊形每邊長為 $\sqrt{2}$，所以它的面積是 $q_1 = (\sqrt{2})^2 = 2$ 於是圓面積（叫它作 S）一定大於2而小於4，即 $q_1 < s < p_1$ 但這樣太不準確了。如果我們把四個圓弧中點作切線或弦，我們係得內接與外切正八邊形：（如圖五）

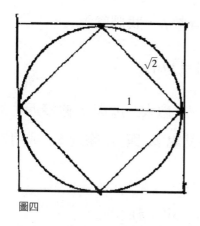
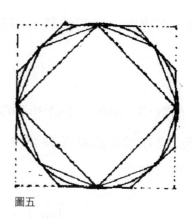

圖四　　　　　　　　　　圖五

　　你看，內接八邊形的面積一定大於內接四邊形的，而外切八邊形的卻小於四邊形。事實上，我們可算出外切八邊形面積 P_2

$$P_2 = 8(\sqrt{2}-1) \simeq 3.312\cdots\cdots$$

及內接正八邊形面積 q_2：

$$q_2 = 2\sqrt{2} \simeq 2.828\cdots\cdots$$

照這樣算下去，我們繼續求十六邊形，三十二邊形等之，但無論如何，圓面積一定大於內接多邊形而小於外切多邊形。於是我們有：

$$q_1 < q_2 < \cdots\cdots < q_n < \cdots\cdots < S < P_n < \cdots\cdots < P_1$$

這樣，對應於每個正整數 n，就有個實數q_n，我們就說

$$\{q_1, q_2, \ldots\ldots q_n\} = \{q_n\}$$

是一個數列。同樣，$\{p_n\}$ 也是個數列。n 愈大，p_n 與 q_n 愈接近，當然更接近夾在當中的真正圓面積。我們就說 p_n 與 q_n 趨近 S，或用數學式子寫這句話：

$$\lim_{n \to \infty} P_n = \lim_{n \to \infty} q_n = S(=\pi)$$

而說這兩個數列是收斂的（Convergent），其收斂值為 S。用這種窮舉趨近法，我們便可得到一個數值，這便是我們所要的「真正面積」。

反過來，如果我們先只有兩數列 $\{p_n\}$ 及 $\{q_n\}$ 滿足

$$q_1 < q_2 < \ldots\ldots < q_n < \ldots\ldots < P_n < \ldots\ldots < P_2 < P_1$$

同時 q_n 和 p_n 可以任意接近，我們就說數列$\{p_n\}$ 及$\{q_n\}$決定了一個實數。在上面這個例子中，被決定的實數就是圓周率π。

因此我們要了解積分，必先了解實數。部分的實數（有理數）是較熟悉，但另部分則不常見。事實上，實數觀念是純抽象的。經

過了幾千年的努力，人類才能對實數作有系統的研究，從正整數到分數到零和負數，最後到實數，每一觀念的形成都要經過幾百年甚至幾千年之久。直到十九世紀下半葉才有數學家對實數做了嚴格的定義。其中的一種定義就是前面所說的兩數列決定一實數的方法。

我們從「真正面積」談到數列，數列的收斂以及實數，這似乎扯得太遠。但是為了懂得什麼是真正的面積以及怎樣計算它，這些觀念是不可少的。

「可是每次這麼算，不是太複雜麼？」

「不錯，這正是積分觀念由來已久而其應用最近才普遍的緣故。這是因為直到牛頓與萊布尼滋發現積分是微分的反運算後，才有較簡潔的算法。」

「別扯太遠了，還是來談面積吧！」

阿林想了想，說：「好吧，現在我們就來看看阿基米得考慮過的一個算面積的例子。從這個例子，我們也可看出『真正面積』應該是什麼。」

阿林畫了一個圖：$f(x) = X^2$

「這個函數畫出來的圖形，叫做拋物線。我們要的是算曲線下斜線部分的面積。」（如圖六）

「拋物線？」小明聯想到丟石子的軌跡：「這個面積是什麼意

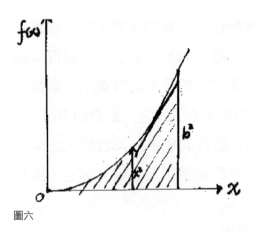

圖六

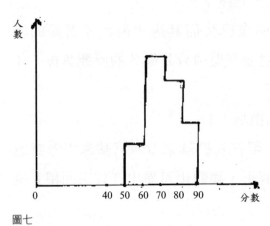

圖七

思？」

「哦！我該先提一些積分的應用以及通常求積分的方式。積分是求面積，但我們可把這個『面積』的意義擴大。好比班上有五十位同學，在一次抽考中，50 分到 60 分五人，60 分到 70 分有二十人，70 分到 80 分有十五人，80 分到 90 分十人，我們可畫成如左圖形：（如圖七）

那麼樓梯形「曲線」底下的面積便可用來表示人數。譬如我們要知道有多少人及格，只需算在 60 分右邊的總面積便成。

在這裡，分數是以 10 分為一級，人數也不夠多，所以曲線是一條折線，如果在大專聯考，人數上萬，分數又算到小數點兩位數，

畫出來的曲線便很平
滑，可能像：（如圖
八）

　於是如果我們要
知道 30 分到 40 分有
多少人，我們只消求
斜線部分的面積便成
了。

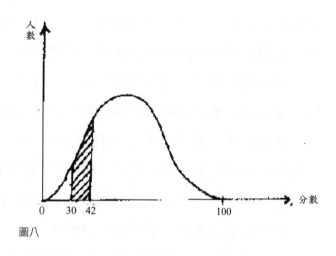

人
數

0　　30 42　　　　　　　　　100　　　分 數

圖八

　類似這樣的例子
很多。如果把分數（即橫軸）改為年代，把人數（即縱軸）改為當
年的出生人口，那麼斜線的面積便代表某年到某年出生人口的總
數。又如橫軸代表時間，縱軸代表一個商店當時出售貨物的數量，
面積便是代表某段時間內總共賣了多少東西。橫軸代表離家距離，
縱軸式代表你走到那兒淋雨的多少，面積便代表落湯雞的程度等
等。」

　「哦！難怪積分有這麼大的用途。」

　「當然，從物理、化學到生物，乃至於商業、經濟、社會等
等，都會用到。只要我們研究的對象，有些性質（可用數量表示出
來）會因時間、位置或其他因素而變化，我們就說得到一個函數。

函數告訴我們，在某一時間（或地點或其他因素）該性質的數值。
積分後便是某段時間（或距離等）的總數值。

　　科學的研究便是經常將對象的性質拆成一小片一小片各求其
值。要知道整體的效果，只要把它全部加起來，這就是積分。

　　我們又扯太遠了。還是回到阿基米得的例子。現在我們可知道
一條拋物線也許代表某種數量因時間或地點而變化的關係，因此求
面積便是求某個總數量。讓我們就來算斜線部分的面積。」

　　阿林再拿起筆來，重新畫一個圖：

　　「就像算田地的面積那樣，我們畫些格子……」

　　「但這次你畫的並不是正方格子。」

　　「那無所謂。畫格子的只是用來算面積。長方格子我們照樣可
算它的面積，我們甚至可
畫梯形，如圖九。

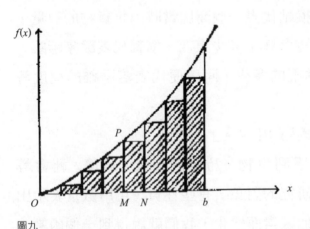

圖九

梯形（斜線部分）＝
$$\frac{(f(b)+f(a))(b-a)}{2}$$

或任何其他形狀；而
且也不必平均分成幾份

（可以有些格子寬、有些窄）。只要分出的形狀是可以計算出面積的，而且可以繼續細分，使格子總面積趨近曲線下面積便行。

但現因我們要求出一個易於計算的公式，我們就把 Ob 平均分成 n 等分，每一小段的長度便等於 $\dfrac{b}{n}$。那麼每個長方塊，譬如 $MNQP$，的面積是多少呢？」

「是 PM 乘 MN。」

「不錯。但 PM 多長？MN 多長？」

「MN 長 $\dfrac{b}{n}$，但是 PM……」

「這就是我們要用 $f(x)=x^2$ 函數的理由了。因為我們可以用這個函數求出 PM 值。假定 M 是第 K 個分點，即 M 點坐標 $\dfrac{k}{n}b$（為什麼？）你很快便可算出 MP 長 $\left(\dfrac{k}{n}\right)^2 b$，而長方形面積就是：

$$\dfrac{b^3}{n^3}k^2$$

把所有長方形面積加起來（就是讓 K 分別靠於 $1,2, ..., n-1$），我們便可算出面積 P_n 等於：

$$P_n = \dfrac{b^3}{n^3}1^2 + \dfrac{b^3}{n^3}2^2 + \dfrac{b^3}{n^3}3^2 + \cdots\cdots + \dfrac{b^3}{n^3}(n-1)^2$$

$$= \frac{b^3}{n^3}[1^2 + 2^2 + \ldots\ldots + (n-1)^2]$$

$$= \frac{b^3}{n^3}\left(\frac{n^3}{3} - \frac{n^2}{2} + \frac{n}{6}\right)b^3$$

$$= b^3\left(\frac{1}{3} - \frac{1}{2n} + \frac{1}{6n^2}\right)$$

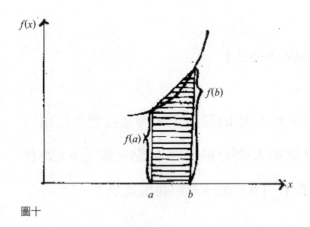

圖十

「正如算圓面積時，同時用內接及外切多邊形一樣，在此我們也可用下列長方形分法：如圖十不同的是這次面積都比曲線面積大。你可以用同法算出所有矩形面積和為：

$$q_n = \frac{b^3}{n^3}\left(\frac{n^3}{3} + \frac{n^2}{2} + \frac{n}{6}\right) = b^3\left(\frac{1}{3} + \frac{1}{2n} + \frac{1}{6n^2}\right)$$

顯然，我們有：

$$P_1 < P_2 \cdots\cdots < P_n < \cdots\cdots < q_n < \cdots\cdots < q_3 < q_2 < q_1$$

而且

$$| \; q_n - P_n \; | = \frac{b^3}{n}$$

當 n 很大時，p_n 和 q_n 便可任意接近。所以數列 $\{p_n\}$ 和 $\{q_n\}$ 便決定了一個實數，這個實數就是曲線下的『真正面積』。

「那麼，它到底是多少呢？」

「這就要算 P_n 或 q_n 的收斂值了。當 n 很大時，$\frac{1}{2n}$ 和 $\frac{1}{6n^2}$ 就很小，可以小到比任何你說的固定正數都小，也就是無限靠近 0。於是在極限時，這兩項便可略去，用數學式子來寫：（如圖十一）

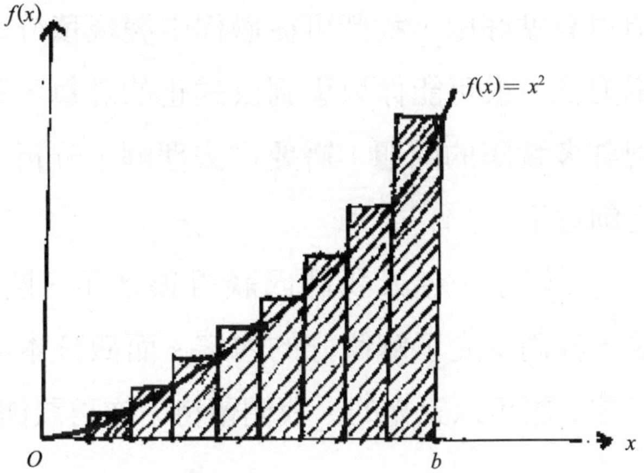

圖十一

$$\lim_{n\infty} P_n = \lim_{n \to \infty}\left\{b^3\left(\frac{1}{3} - \frac{1}{2n} + \frac{1}{6n^2}\right)\right\} = \frac{b^3}{3}$$

$$\text{同樣} \lim_{n\infty} q_n = \lim_{n \to \infty}\left\{ b^3\left(\frac{1}{3} + \frac{1}{2n} + \frac{1}{6n^2} \right) \right\} = \frac{b^3}{3}$$

兩者都是 $\frac{b^3}{3}$，於是曲線下的面積便是 $\frac{b^3}{3}$ 了，這就是阿基米得遠在積分和微分的關係被發現前便算出的公式。」

「它還是很麻煩嘛。」

「不錯。微積分發展後，我們就有較簡單的方法來計算。但麻煩也有點好處，我們可從過程中發現積分的真正意義。如果只會簡單方法，很可能你只學到公式化的計算，只會解書本上的習題。遇到許多實際的問題，需要你去理解、分析，你便可能不知所措，缺乏創意了。」

「好了，今天我們已談得很多了，關於那種較簡單的求積分法，我們得先了解微分的內容。而微分本身就是一門大學問，不是三言二語可以說完的。我們留待下次再談罷！」

（1970 年 4 月號）

阿林談微積分（中）

◎—曹亮吉

又是個郊遊的好天氣。山坡幾叢野花把綠色草坪點綴得更熱鬧，遠遠望去，向陽的青山鮮明地凸在淺藍的天際，兩三朵白雲悠閒地飄浮著。

坐在車窗位置的小明貪看得出神，小華卻又嘰嘰呱呱的：「這條路好多了，車子開得又快又平穩，不像上次前仰後……唉唷！」猛然來個緊急煞車，把他還沒講完的話一併煞住了。

一直到了目的地下車，小華還在嘀咕：「……開那麼快，也不注意一下，這實在太危險了……。」

「開得快就危險嗎？那你下次乾脆坐牛車算了。」小明不耐煩了。

「速度快當然危險。」

「速度快就危險嗎？」阿林忽然開口了，「譬如你在房間慢慢走，是不是就安全？」

「當然嘍！」

「但假若你是在特快車的車廂裡慢慢走呢？」

「那就危險了。」

「為什麼呢？你不是同樣地慢慢走嗎？」

「因為人在火車裡，火車動得快。」

「在動得快的東西裡就危險嗎？」阿林頓了一下：「你知不知道地球在動——就是說在自轉？」

兩人都點點頭。

「房間是連在地球上的，就好比車廂是連在火車上。地球轉得那麼快，那麼人在房間裡慢慢走豈不是更危險嗎？」

「？」

「可見速度快不一定就危險。噴射機比火車還快，但卻很安穩。」

「但是一出事就危險了。」

「對啦！關鍵就在於『出事』。」阿林正要滔滔不絕的講下去，忽然看到一隻蝴蝶飛過去，順著眼光，一群學生正在不遠的一塊草地上玩團體遊戲。「噯！回去再談吧。這麼好的景色……。」

當天晚上，阿林對著兩張充滿問號的臉孔：「……問題在於『變化』兩個字。速度快並不危險，危險出在速度驟然變化，好比飛機撞山，瞬時間由高速停下來，那就危險了。今天上午緊急煞車

便是如此。地球雖在轉動，速度很快，可是……」

忽然有個問題閃進小明腦海：「地球轉這麼快，我們怎麼不知道呢？這麼說來快慢並沒有一定標準？」

「問得很好！我們必須先了解速度是怎麼回事。讓我們從頭想起，什麼叫速度？」

「速度就是單位時間的位移。」小華背起教科學。

「什麼叫單位時間？什麼叫位移？」

小華呆住了。

「不要緊張。現在不是在考試，不用背那些生硬的專有名詞，重要的是要了解觀念或真正意義。讓我們先看看，一提起速度，你會聯想到什麼？」

「有東西在動。」

「對啦！這就是重點所在。東西要動，才有速度。事實上，速度就是量『動』的大小與方向。那麼，什麼叫做『動』呢？」

「動就是動啊！」小華茫然不解地應著。

「哈！你一定沒搞清楚我在問什麼……。」

「動就是在動嘛。這樣簡單的東西有什麼好問頭的？」小華脹紅了臉爭辯。

「這正是我們平日對熟悉事情習焉不察的毛病。事實上，

『動』的觀念，是由三個更基本的觀念組成的。如果只是模模糊糊知道什麼是『動』，並且很滿足地認為太粗淺，不值得細思，就不可能想到這三個更基本的觀念。」

　　「是那三個？」

　　「這三個是『空間』（或位置）、『時間』及『變化』。東西在動，表示它在『空間』上的位置隨『時間』而『變化』。空間和時間的研究，是物理學家的事，我們不去管它。我們只需知道，在討論變化時，位置是相對於哪個空間系統——比如說，是相對於火車？相對於地球表面？相對於太陽？等等，就是說我們要先選一個參考系統。」

　　「哦！我知道了。剛才的毛病是出在參考系統的問題上。」小明豁然開通了。

　　「正是如此。現在我們已選定了一個參考系統，我們就可研究位置因時間變化的情形。」

　　「為什麼專討論因時間而變化的情形？」

　　「問得很好。事實上，我們只要研究變化，至於因什麼而變化，那是無關緊要。只因我們是在討論速度，所以說是因時間而變化。

　　「因此，我們要研究的只是某個量因另個量而變化的情形。一個量 f 因另個量 x 而變化，便是所謂函數 $f(x)$。於是，在研究『速

度』中，我們把一些實在的物理觀念，如空間位置，時間一併除去，而改用較抽象的函數、自變數來代替，速度的研究便轉為函數的研究。這種抽象化的方式，是數學的精神所在。抽象化過的東西、雖較不直覺，但卻具有更廣泛的應用。

「閒話少說，我們就來研究函數的變化吧。為便於研究，最好還是把它畫出一個圖形──函數圖形來。你知道怎麼畫嗎？」

「把 x 當作橫軸，$f(x)$ 當作縱軸、垂直相交，就像解析幾何中的卡氏座標。」小華搶著回答。

「一點不錯，正是解析幾何中的座標。事實上，微積分和解析幾何的關係異常密切。在歷史上，也是笛卡爾發明了解析幾何，使函數可用曲線來表示，才有微分學及微積分的發展。

「現在讓我們從變化來看看各種函數圖形。最簡單的情形就是不變化，即函數的值固定──這等於空間的位置不變，就是說不動。因此變化量，或速度便等於 0。（畫出圖形如圖一）：

「次簡單是變化率固定。如果它是增大，便一直用相同的比率

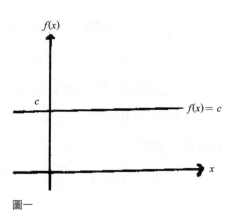

圖一

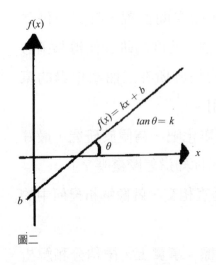

圖二

增大。在實例中，這便相當於等速度。倘若變化率是 k（速度大小是 v），自變數從 0 增為 x（等於過了 t 時間），函數值便增加 kx（等於移了 vt 的矩離）。如果開始（$x = 0$ 時）函數值為 b，則函數可寫成：

$$f(x) = kx + b」（如圖二）$$

「看到了嗎？這也是條直線。在解析幾何中，k 是這條直線的什麼呢？」

「斜率。」兩人爭著回答。

「不錯。在解析幾何中，斜率是怎麼求呢？」

「這就等於 k 啊！」小明奇怪了。

「k 等於 $\tan\theta$。」小華說。

「我問的是更原始的求法。」

「哦！我知道了。它是等於高和底之比。」小華在圖上畫了兩個線段，標明 x 和 y：

「斜率 k 便是 $k = \dfrac{y}{x}$。」（如圖三）

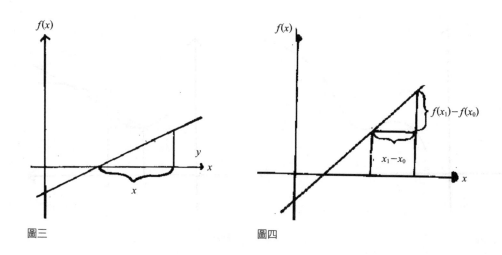

圖三   圖四

「這正是我們要的。如果回到速度例子，這便等於在 x 時間內移了 y 的位置。但在這裡，我們用不著從 $f(x)$ 和 $x-$ 軸的交點算起。我們只需任意取兩點，如 x_0 和 x_1，相對的便有 $f(x_0)$ 和 $f(x_1)$，兩個長度相減，顯然得到相同結果：

$$k = \frac{[f(x_1) - f(x_0)]}{(x_1 - x_0)} \ (\text{如圖四})$$

「好了。接著我們可以研究更複雜函數的變化。譬如，函數是下列形狀：（如圖五）

我們要如何討論它的變化情形呢？顯然，它的變化率是不一致的（如果一致，那就是直線了）。在直線、變化率等於直線的斜

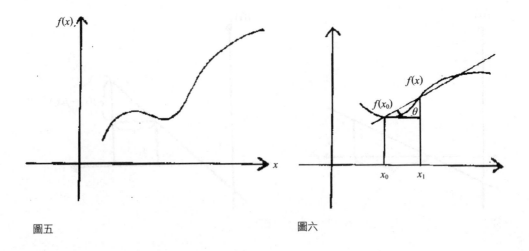

圖五   圖六

率，在曲線、有沒有斜率這個觀念呢？」

小明小華互望了一眼，又轉回看阿林。

「我們可以從前面最後一個式子著手。我們照樣找兩點 x_0 和 x_1，那麼：（如圖六）

$$\frac{[f(x_1)-f(x_0)]}{(x_1-x_0)}$$

便是過這兩點直線的斜率，從圖形可知，這條直線（叫割線）和曲線本身很接近。我們又知道，曲線變化率各點並不一致，只能先拿一點 x_0 來研究。因此我們把 x_0 固定，把 x_1 變動。顯然，x_1 愈靠近 x_0，割線的斜率便愈接近曲線在 x_0 的變化率。

「打個比喻：在速度的情形，要求出在一點的速度，該怎麼算呢？速度是移動距離除以所需時間。如果這時間取得很久，算出的平均速度就會和那點的真正速度相差很多。時間愈短，平均速度愈靠近在那點的真正速度。當時間趨近於零時，這些平均速度的極限，便是那點的真正速度——叫瞬時速度。

　　「因此我們可把曲線在 x_0 的變化率定義作：

$$f'(x_0) = \lim_{\Delta x \to 0} \frac{f(x_+ \Delta x) - f(x_0)}{\Delta x}$$

Δx 便是 x_0 和 x_1 的差。$\lim\limits_{\Delta x \to 0}$ 代表這差別趨近於零這就是說：我們依次取 $x_1, x_2, x_3, \cdots\cdots$ 等等，愈來愈靠近 x_0（即 Δx 愈來愈小）。對每一個 x 和 x_0 可畫出一條割線，割線有斜率。當 Δx 愈來愈小，終於趨近於 0，這斜率便是函數在 x_0 的變化率。同時你可看出，這些割線的極限位置便是曲線在 x_0 的切線。因此，函數在 x_0 的變化率，便等於曲線在 x_0 切線的斜率。（如圖七）

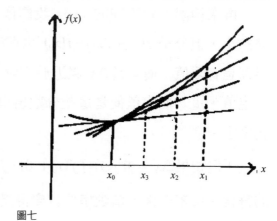

圖七

「這一步驟叫求微分。我們便看到，求微分等於求函數曲線的切線。」

「有問題。」小華忽然張直了喉嚨：「你說讓 Δ 趨近於零。但零是不能當除數的呀！」

「這是個關鍵的問題，」阿林以嘉許的口吻：「我只說 Δ 趨近於零，但並沒說它等於零。」

「趨近於零和等於零不是差不多嗎？」小華毫不放鬆。

「當然不一樣。趨近於零的意義，是說我們先算出整個分數值：

$$\frac{[f(x_0 + \Delta x) - f(x_0)]}{\Delta x}$$

再求極限。對不同的 Δx，我們依次算出各個分數值。Δx 雖愈來愈小，但分子 $f(x_0 + \Delta x) - f(x_0)$ 也可能愈來愈小，整個分數值便可能都是有限值；而且當 Δx 趨近於零時，這些分數值便可能趨近於某一定值，這一個定值便是這些分數值串的極限，就是函數在 x_0 的變化率了。

「但如果 $\Delta x = 0$，分子 $f(x_0 + 0) - f(x_0) = 0$，變成 $\frac{0}{0}$ 是沒有意義的符號。這末一來，這數串便會變得沒有意義。所以 Δx 決不能讓它

等於 0。趨近於零雖和等於零看來相差無幾，卻是『差之毫釐，失之千里』的啊！」

「我明白了。」小華點點頭，但緊接著又問：「你剛才為什麼說：『可能』都是有限值，『可能』趨近於零。為什麼這麼模稜兩可？難道有例外嗎？」

「你很仔細，」阿林讚道：「事實正是如此。它們不一定會趨近於某個定值，可能變為無窮大，可能根本就不趨近某個定值。從圖形看來，這相當於一個函數曲線不一定有切線。最簡單的，如圖八：

由兩個半直線構成。在 x_0 右邊那一段，有一個斜率；在左邊也有另一個不同的。因此在 x_0 那點，用以前的公式，把 x_1 取大於 x_0 得一個值，小於 x_0 得另一個值此兩值完全不同，顯然不會同趨近於一個定值了。

「又如函數根本在 x_0 是不連續的，（如圖九）

你看，當 x_1 很靠近 x_0 時，Δx 便趨近於零；但 $f(x_1)-f(x_0)$ 卻一定大於一個固定值 a，於是分數值便會變得很大很大，不會趨近於

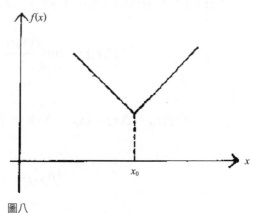

圖八

某個有限定值了。」

「所以函數不一定每一點都可求出變化率——用術語來說，它不一定可微分。事實上，要可微分的限制相當大；首先，這個函數一定要連續。即使連續，還不一定就可微分。剛才舉的那個折線例子便

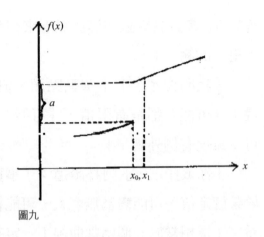

圖九

是連續的。事實上，我們可找出一個到處是連續，但卻無處可微分的函數。」

「我整個都不很清楚。能不能舉個實例算算？」小明問。

「好的，譬如我們來求 $f(x)=x^2$ 在 x_0 的變化率。用前面的公式：

$$f'(x_0) = \lim_{\Delta x \to 0} \frac{f(x_0 + \Delta x) - f(x_0)}{\Delta x}$$

今 $f(x_0 + \Delta x) = (x_0 + \Delta x)^2 = x_0^2 + 2(\Delta x)(x_0) + (\Delta x)^2$

$$f(x_0) = x_0{}^2$$

所以 $f(x_0 + \Delta x) - f(x_0) = 2(\Delta x)(x_0) + (\Delta x)^2$ 我們一定要先求出分數值，再求極限。所以先用 Δx 除上式，得

$$\frac{[f(x_0 + \Delta x) - f(x_0)]}{\Delta x} = 2x_0 + (\Delta x)$$

這時令 Δx 趨近於零。所謂趨近於零，就是非常靠近零，它和零的差別可小於任何固定的正數。既然如此，我們可把它略過不計。因此 x^2 在 x_0 的變化率是 $2x_0$。

「在這個例子中，我們可看出 $\Delta x \to 0$ 也有實際功用。同法你可算出 x^3 為 $3x_0{}^2$, x^4 為 $4x_0{}^3$……等等。一般而言，x^n 在 x_0 的變化率為 nx_0^{n-1}。微分通常是個工具，而且是最有用的數學工具。一些基本運算必需熟練。」

「它有些什麼用途呢？」

「哦！那是說不完的。我們從它的根本意義或基本的性質來說明它幾個主要的應用。

「首先是它很容易算，譬如我們一看到 x^n，那麼它在 x_0 的變化率便是 nx_0^{n-1} 了。求變化率，又有很多美麗的性質，例如 $f(x)$ 和 $g(x)$ 都是可微分的，在 x_0 的變化率分別為 $f'(x_0)$ 及 $g'(x_0)$，則 $(f + g)(x)$ 這個加起來的函數也必是可微分，其在 x_0 的變化率為 $f'(x_0) + g'(x_0)$：

$$(f+g)'(x_0) = f'(x_0)+g'(x_0)$$

又把 $f(x)$ 乘上個常數 a 倍：$af(x)$，一樣可微分，變化率剛好是 $af'(x_0)$。」

「這很顯然嘛。有什麼用呢？」

「如果你的『顯然』是說它很容易從變化率的定義證明出來，那還差不多；但如果你以為所有運算根本就應有這個性質，那就不見得了。滿足這兩個性質的運算就叫線性運算。微分是線性運算，積分也是線性運算。你說線性是很顯然的，那你會證明積分是線性運算嗎？」

看看沒有答腔，阿林又繼續：「其實它還是很容易證的。你有空自己試試看吧。線性運算用途大得很，例如求 $3x^5-2x$ 的變化率，我們便可看成 $3x^5$ 及 $-2x$ 二個函數之和而分別求之；$3x^5$ 又是 3 乘上 x^5，x^5 我們已會求，$3x^5$ 便得出了。同法 $-2x$ 也知道。這樣，用線性我們可求出所有多項式函數的變化率。

「微分另有許多好的性質，這裡不詳舉了。這些性質使微分變得很容易運算。因為它很容易運算，才會有極廣泛的用途。

「舉個對比的例子，就可知道『容易運算』的重要。前次我們提過，積分也會有很多用途。但在微分和積分間的關係被發現以

前，積分應用並不廣，雖然早在西元前它已被發明，但一千多年來它幾乎沒什麼進展。主要關鍵就在於它太不容易計算。一直到牛頓、萊布尼茲發現它和微分之間的關係，用它來找出些積分的方法，積分才突然廣泛被應用。」

（1970 年 6 月號）

阿林談微積分（下）

◎─曹亮吉

「微分和積分的關係是怎麼回事？你好像時常提及。」小華忍
不住插口。

「哦！因為這兩者間關係的定理太重要了。本質上，微分和積
分是反運算，就好比乘法與除法互為反運算似的。表面看來，微分
是求變化，求曲線的切線斜率；而積分是求面積，是一種和，二者
彷彿風馬牛不相干；如今卻發現他們的關係竟是這麼密切。這個發現
本身便足以令人讚嘆、欣賞，不但是意外發現的樂趣，其美妙的關連
更如面對一幅名畫，或聆聽一曲交響樂。」阿林愈講愈起勁了。

「到底是怎樣的反運算關係？」小華就愛追根究柢。

「要回答這個問題，還是用個實例來說明，就清楚了。我們已
知道，x^3 在 x_0 的變化率是 $3x_0{}^2$ ——插一句話，這個變化率 $3x_0{}^2$ 顯然
會因 x_0 的不同而不同。換言之，變化率還是 x_0 的函數，我們稱它作
導來函數。於是從任何一個函數 $f(x)$，我們可以對應於另一個函數

$f'(x)$ 或寫作 $\dfrac{df(x)}{dx}$ ——因此，$\dfrac{1}{3}x^3$ 的導來函數便是 x^2。但上次我們曾

算過，把 x^2 從 0 積分列 b 的面積正是 $\dfrac{1}{3}b^3$，這個 b 如變化，面積便也

跟著變化，所以它也是個函數 $\dfrac{1}{3}x^3$。於是一個函數，也可對應另一

個「積分函數」。所謂「對應」，就是一種運算。你看微分和積分

這兩種運算正是互為反運算呢。就是說，把 x^2 先用積分運算，對應

出一個新函數 $\dfrac{x^3}{3}$，再用微分運算，使得回原先的函數 x^2；同樣，也

可先作微分運算再求積分。

　　這麼一來，想求一個函數的積分，只需先看它是什麼函數的導

來函數，便可算出了。」

　　「這還是不太方便啊！」

　　「不錯。就計算上來說，積分遠不如微分方便。在微分中，只

要寫得出式子，而且它的極限值存在，一定可算出它的導來函數；

可是許多簡單的函數，它的積分函數都不易求出。舉個最簡單的例

子：x^n 的導來函數是 nx^{n-1}。這個 n 不但可以是 $1, 2, 3, \cdots\cdots$ 等自然數，

也可以是 0，負數，甚至分數或任何實數。但 x^n 的積分函數

$\dfrac{1}{(n+1)} \cdot X^{n+1}$（你自己證證這個式子），當 $n = -1$ 時便沒有意義了

（0 不能當除數）。」

「那麼 $n = -1$ 時積分就不存在了？」

「當然不對。積分是求面積。我們如把這個函數 $f(x) = x^{-1} = \dfrac{1}{x}$
畫出來（是一條雙曲線）：

$$f(x) = x^{-1} = \frac{1}{x}$$

顯然，從 a 到 b 的斜線面積是存在的。」

「那到底怎麼求呢？」

「求法還是得先找出 $\dfrac{1}{x}$ 是什麼函數的導來函數。這個積分函數
已不是 x^n 的形式，它甚至不是多項式分式或帶有根號、指數等的代
數函數，而是個超越函數——對數函數 $\log x$。你看，一經積分，可
把代數函數積出超越函數來。

這還算簡單。有許多函數根本就找不出稍為熟悉的積分函數。遇到
這種情形，就只好用各種近似法，或查表，或用電子計算機來算了。

「雖然如此，但畢竟積分還有路可循，而且常見的函數有一大
半都可用微積分的關係來求出它們的積分函數。

「還有一個有趣的現象。積分後的函數可能愈來愈古怪，愈來愈
「超越」，微分則恰好相反，它往往把「超越」或古怪的函數平凡化
了。因此積分會造出許多新的函數出來，函數的領域便拓寬了，數學

家可研究的材料便增多了。較易計算的微分便沒有這份本事。

　　「更有趣的事是：微分雖然較易計算，但限制反而較大。可以微分的函數一定可以積分。但反之卻不成立——許多能積分的函數卻不能微分，因此兩者雖是互為反運算，適用的條件卻不一致。最簡單的例子就是「階梯函數」（如圖）：

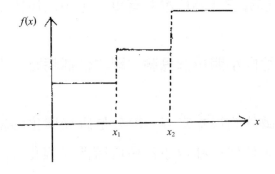

　　這種函數的面積顯然存在，但在 x_1, x_2 點是不連續的，在那些點就不能求它的變化率——也就是不能微分了。連續的函數不一定可微分，但卻一定能積分——甚至不連續的函數有時都可積分呢！」說到這裡，阿林停頓了一下。小明和小華聽得正出神，一時整個氣氛凍結成一團。

　　「好了，微分的重要觀念以及微分、積分間的關係已大致談過了，你們有沒有其他問題呢？」

小明搖搖頭，一副飽飽倦倦的模樣，正如剛吃下一席大拜拜，一時消化不了。「最好請你介紹些具體的應用，幫助消化吸收。」

　　「微分的應用太廣了，……。」

　　「為什麼它有這麼大的應用？」阿林才開口，小華就插嘴了。

　　「這個問題很好。微分應用太廣了，我正愁不知從何談起呢。現在我們可以根據它『為什麼』有重大應用的原因為綱目，來介紹它。」

　　小華得意地向小明扮個鬼臉。剛才他插嘴時，小明顯得滿臉不耐煩。

　　「首先是微分的根本定義：微分是研究變化的學問。我們這個世界是動態的，任何一種現象都會因時間而變化——動的車子，它的位置會隨時間的變化，夏天的溫度不同於春天，樹木會長大，這個月的股票比上個月漲了，你喜歡的那個女孩子今天變得更漂亮等等，所謂動態就是隨時間而變化。既然一切都會隨時間而變化，研究變化的微分學，便成為不可或缺的工具。

　　「甚至靜態的現象，例如空氣的密度會隨地點與高度而變化，地表在不同地點的起伏不同，一個彈簧拉遠拉近，其作用力就有變化等等，也都會牽涉到變化。從以上的分析不難知道，微分是所有科學的基礎，只要那些科學所研究的對象，能夠用數量表示。

「舉個更具體的情況，研究對象的性質，一受外來影響，很自然地會產生變化，好比推你一把，你就會動一動；用火烤烤，蕃薯就香了；戰爭停停打打，股票市場便隨之波波動動等等。科學家研究這些現象，首先要把研究對象的性質以及外來影響「數量化」，就是說各找出一個函數來；其次要找出性質變化和外來影響的關係，這等於發掘自然定律或法則，這樣的定律通常是個方程式，包含了外來影響函數，以及性質函數的導來函數（變化率）。這種包含微分的式子，便叫做微分方程式。多數的自然定律，都是以微分方程式的形式表示出來。

　　「以上是由微分的基本定義，而介紹它可能在各門科學的應用。在數學本身，也有許多應用。最重要是由它和積分的關係，藉它「容易計算」的性質，使積分成了一門極有用的工具。另一項重大用途，是函數曲線的研究。

　　「一個函數曲線，如果只用代數的方法，我們通常只能求出它的根，即找出所有的 x, 使

$$f(x) = 0$$

如果把函數圖解出來，譬如它的形狀可能如下：

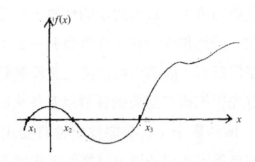

　　我們等於說只求出 x_1, x_2, x_3 等三點。至於這個曲線在其他各地的情形如何，我們完全不知，除非我們把每一點的值都算出來；但這顯然行不通，因為總共有無數點呢！」

　　「但我們可以每隔一單位長度，求一次值。」小明建議說。

　　「這當然是個辦法。但一來太麻煩了──你通常要算十來個數值以上──，二來有時會行不通。譬如有個函數 $f(x)$, 它在 $x = 0, 1, 2, 3$ 的位置如下圖：

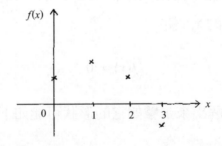

你說曲線應如何連起來呢？」阿林目視小明。

「這還不容易，它當然應該像 $f_1(x)$」：

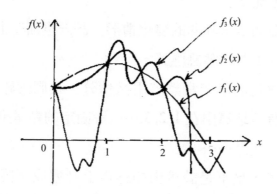

「你怎麼知道它不在 1 和 2 之間彎一次，像 $f_2(x)$ 那樣呢？或甚至大彎若干次，像 $f_3(x)$ 那樣？」

「這個……，這個……，好像不太可能嘛！」小明被問住了。

「當然可能啊！有什麼理由說是不可能？」

「…………」

「可見分別求 1, 2, 3,……的數值並不可靠。即使求 0.1, 0.2, ……, 0.9, 1, 1.1,……也未必可靠，它照樣沒有保證，反而增加一些不必要的囉嗦計算。問題在於我們不知兩點之間，譬如 1 和 2 間，或 0.3 及 0.4 之間函數會怎麼變。即使再把間隔取得更小，也還是個間隔，依舊

不知函數在這中間會不會上下跳躍幾次？先上升？或先下降等等。」

「那怎麼辦呢？」

「你想，要知道這其間的變化情形，該怎麼辦？」

「用微積分！」小華急應著。

「對啦！變化的研究當然該用微積分，我們困難在於不知其間的升升降降，盲目地算出在 1, 2, 3,……等固定的點是毫無意義的。我們該找出關鍵的幾點……」

「我知道了，是不是該算出曲線從上升變成下降或從下降變成上升的那幾點？」小華靈機一動。

「完全正確！」阿林十分讚許：「這些點叫做函數的局部極大或極小點。現在問題是該如何去求它們呢？」

「用微分……」

「當然用微分。但要如何用法？」阿林停了一下，看看沒有反應：「給你們一些提示。在這些極大或極小點，函數的變化率是多少？或者說，切線的斜率是多少？」

「切線好像是平平的直線。」

「對啦！水平線的斜率是 0，就是說變化率為 0。想想看，變化率如果是大於 0，那表示函數值是愈來愈大，或者曲線是上升。（如

圖）

　　如果小於 0，就是函數值愈來愈小，
或是曲線下降（如圖）。現在是由升而降
（或由降而升），顯然不會是大於 0 或小
於 0。只好等於 0 了。

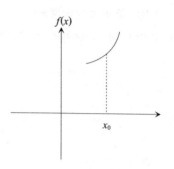

　　「所以，我們只需求導來函數，算出
這函數等於 0 的值，便就是所要的極大極
小值了。算出這些值來，函數曲線便可連
出來，不用擔心其間會再曲曲折折了。」

　　說到這兒，看到小華用手掩住口，打
了個哈欠。「好了，以上告訴我們如何用
微分來研究曲線的一個例子。它當然還有

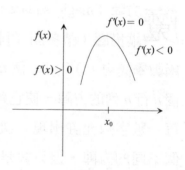

其他更多的應用，可更正確告訴我們曲線的詳情。但原理都差不
多，我們不再詳舉了。以後有機會再談罷。」阿林結束了他的討
論。

（1970 年 7 月號）

漫談魔方陣

◎—林克瀛

任教於清華大學物理系

魔方陣（magic square）是中國人最先發明的數學遊戲，以往稱為縱橫圖（請參閱《科學月刊》第二卷第四期24頁莫宗堅的〈中國數學簡史〉）。[1]一個 n 階魔方陣是把 $1, 2, \cdots\cdots, n^2$ 等數字排列成一個 n 行 n 列的方陣，使它每行每列及對角線上的數字總和都相同（但每一數字只允許出現一次）。把一個魔方陣任意旋轉或翻面可得八個不同的方陣，但只算是一種解法。三階魔方陣只有一種解法，古代稱為洛書（見圖一）。四階時解法高達八百八十種。五階時更超

---

1. 有關我國古代研究縱橫圖的情形請參閱
   ⑴李約瑟著，《中國之科學與文明》卷三 55 頁（英文），中譯本由商務印書館發行。
   ⑵李人言（李儼）著，《中國算學史》118 頁，商務印書館。
   ⑶吳啟宏編譯，《古代數學史趣談》178 頁，中央書局。
   ⑷李喬苹著，〈中國數學史大要和魔術的正方形〉，58 年 8 月 12 日至 17 日《中央日報》副刊連載。

過一百萬種。宋人楊輝在西元 1275 年所著
《續古摘奇算法》上卷載有十三個魔方陣，
其中一個是洛書，其他的階數由四到十，但
百子圖中對角線上數字之和不符合魔方陣的
規定。明人程大位的《算法統宗》(1593
年）除轉載楊輝的結果外，又加上五五圖和
六六圖各一。清人張潮在《心齋雜俎》卷下
中有一個〈更定百子圖〉，把楊輝的百子圖
修正成為真正的十階魔方陣。

圖一：唯一的三階魔方陣

　　魔方陣在西方也非常流行。西元 1514 年
德國天才藝術家 Dürer [2] 曾把一個四階魔方陣
（見圖二）安排在他的一幅非常有名的蝕刻
〈憂鬱〉（Melencolia）裡，這個方陣最下
面一行中間兩個數字起來正好是 1514，恰好
是他作品產生的年代。這幅蝕刻裡有一位一
手托頤一手拿圓規坐著出神的人，背後牆上

圖二：一個四階對稱魔方陣

2. Albrecht Dürer（1471～1528），德國歷史上最偉大的藝術家，誕生於紐倫堡，
   1971 年全世界盛大慶祝他誕生五百週年。

有一個魔方陣。1838 年法國有人寫了三卷書來討論魔方陣。名數學家 Arthur Cayley（英人，1821～95，對群論貢獻很大）和富蘭克林（美國開國功臣，1706～90）也曾經研究過魔方陣。

像圖二所示的魔方陣具有一種很有趣的對稱性質，就是如果把整個方陣旋轉一百八十度以後再和原來方陣重疊起來，任何兩個相疊的數字之和都是 $1 + n^2$（n 是階數），這樣的兩個數稱為互補。這一類的方陣都稱為對稱（symmetrical）方陣。對稱魔方陣的階數必須是奇數或者是四的倍數，證明如下：n 為偶數時可把方陣分為大小相同的四個小方陣，每個小方陣內數字之和必須相同（由對稱魔方陣的定義推出），所以 $\dfrac{n^2(1 + n^2)}{2}$（1, 2,……, n^2 之和）必須被四除盡，也就是說 n 必須是四的倍數。四階的對稱魔方陣，四個角落上的數、中央的四個數、以及每個小方陣內的四個數，總和都是 34。

根據嘉德納的考證；[3] 世界上最早紀錄下來的四階魔方陣出現在十一或十二世紀印度 Khajuraho 的一個石刻上（見圖三）。這一類的方陣比一般的魔方陣更加神秘，又稱為鬼方陣（diabolic 或 pandiag-

---

3. 嘉德納 Martin Gardner's 2nd Scientific American book of Mathematical Puzzles and Diversions, 130 頁。

onal square）。鬼方陣除了具備魔方陣的性質外還有下述的特點：把兩個相同的鬼方陣左右並排或上下並列。每一排和對角線平行的 n 個數字總和都相同，這個總和也就是方陣內每行數字之總和。把一個鬼方陣最上（或下）面一列搬到最下。（或上）面，或者把最左（或右）邊一行搬到最右（或在）邊，又得到一個新的鬼方陣。我國古代數學家似乎完全沒有注意到鬼方陣，未免令人遺憾。

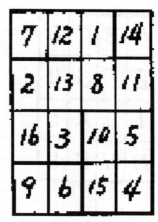

圖三：一個四階的鬼方陣

　　1938 年美國康乃爾大學的兩位數學家 J. Barkley Rosser 和 Robert J. Walker 利用數學上的群論來研究鬼方陣，把四階鬼方陣的問題完全解決。他們證明一個鬼方陣依照下述五種方法之中任意一種加以重新排列以後仍然是一個鬼方陣：一、旋轉；二、翻面；三、把最上面一列搬到最下面或者把最下面一列移到最上面；四、把最左邊一行排到最右邊或者把最右的一行搬到左邊；五、把整個四階方陣依圖四所示重新排列。利用這五個方法可得到三百八十四個鬼方陣，但由於旋轉和翻面得不到新的方陣，我們實際上只有四十八個不同的鬼方陣（48×8 ＝ 384）。這兩位數學家證明上述五種將鬼方陣重

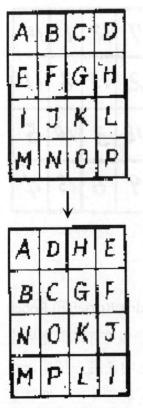

圖四：鬼方陣依圖示重新排
　列後仍是鬼方陣

行排列的運算構成一個「群」。[4]而且和一個
四度空間中的超立方體（hypercube）的對稱群
（指在四度空間的旋轉和反映）完全同構
（isomorphic）。超立方體在三度空間的投影
如圖五丙所示，為便於了解起見，我們在圖五
甲和乙分別把正方形在直線上的投影和立方體
在平面上的投影表示出來以資比較。如果把圖
三的十六個數字分別放在此超立方體的每個角
上如圖丙所示，那末它的二十四個平面中每一
個平面上的四方形的四個數加起來是 34，而
且每一數和在相對的（對四度空間的中心而
言）角上的數互補。我們可以清楚的看出這個
超立方體在四度空間中的每一個轉動和反映都
和一個鬼方陣相對應。如果把圖三的鬼方陣上

---

4. 群的定義是一組元素的集合，其中任意兩個元素（可以相同）的乘積 $ab = c$ 有
　下列性質（一般而言$ab \neq ba$）：
　(1)c仍為此集合中之一元素。
　(2)結合律成立，$(ab)c = a(bc)$。
　(3)單位元素(1)存在，$1a = a1 = a$。
　(4)每一元素均有一反元素存在，$aa^{-1} = a^{-1}a = 1$。

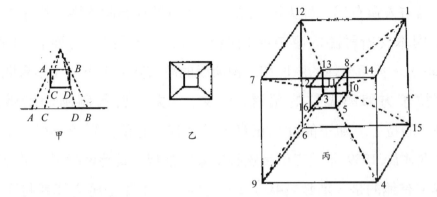

圖五：甲圖表示正方形在直線上的投影。乙圖是正立方體在平面上的投影。丙圖是一個四度空間的超立方體在三度空間的投影。

下兩邊黏起來，如圖六所示，再把圓筒兩頭接起來成為一個呼拉圈，那末圈上任何一個數沿著對角線的方向移兩格（有四種移法但結果相同）後正好是一個和它互補的數。

那兩位數學家還證明了鬼方陣的階數必須是比三大的奇數或四的倍數、而且還計算出五階鬼方陣正好是三千六百個。

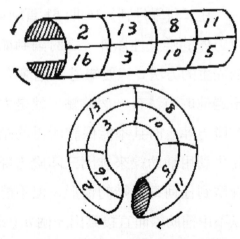

圖六：把圖三鬼方陣化為一個呼拉圈後每一個數沿對角線方向移兩格後正好碰到和它互補的數。四種移法所得結果都相同。

西方人還有另一種方陣遊戲，以往也被稱為魔方陣，後來為了避免與本文所討論的魔方陣相混，一般稱為「拉丁方陣」（Latin Square）。拉丁方陣的原理和這裡所說的魔方陣完全不同（請參閱筆者〈拉丁方陣與尤拉的預言〉一文）。尤拉曾預測兩個階數為$4k + 2$的拉丁方陣不能互相正交，這個有名的預言經過一百七十七年之久才於 1959 年被三位美國數學家所推翻，當時驚動了全世界數學界。有趣的是。階數為$4k + 2$的方陣——不論是魔方陣或拉丁方陣——都與階數為奇數或四的倍數的方陣在數學特性上大不相同。前文聽所說沒有一個$4k + 2$階魔方陣是對稱或鬼方陣就是一例。

　　在《科學月刊》16 期 61 頁阿草的益智益囊集中，除了證明三階魔方陣的唯一性以外，還討論到如何找出高階的魔方陣。利用梁有松先生的方法，只要知道 n 階魔方陣的解，就可排出$n+2$階魔方陣。不過他的方法有一個缺點，就是太繁，不能馬上排列出一個任意階的魔方陣，而且不能保證所得的結果是對稱方陣或鬼方陣。李永和先生利用補助線來排出三階魔方陣，他的方法簡單明瞭，而且可以推廣到任何奇數階的情形，但不能應用到偶數階的方陣。我們也可以不用補助線而直接寫出一個 n（奇數）階對稱魔方陣，辦法是這樣的（即李先生所用方法的推廣）：先把 $\dfrac{(n^2 + 1)}{2}$ 放在方陣中央，再把

1放在它下面，然後把 1, 2,……, n 分別沿由左上到右下的方向依次排列，（我們可以在想像中把方陣的上下和左右兩邊黏起來如圖六），再把 $n+1$ 放在 n 下方第二格，由 $n+1$ 到 $2n$ 分別沿左上到右下方向順序排列；以後依此類推。這種方法得到的五階魔方陣（見圖七）。

11	24	7	20	3
4	12	25	8	16
17	5	13	21	9
10	18	1	14	22
23	6	19	2	15

圖七：一個五階的對稱魔方陣

1	15	14	4
12	6	7	9
8	10	11	5
13	3	2	16

圖八：一個四階對稱魔方陣

階數是四的倍數的對稱魔方陣可用下法排成：先把方陣中對角線通過的方格子打上×號，再把整個方陣分為四個小方陣，在每一小方陣中的每一列，沿有×號格子的左和右方每隔一格打一×號。然後把 1, 2,……, n^2 順序由左至右一列一列的填入方格中，但每逢空白的格子就改填互補的數字。用此法所得的四階對稱魔方陣（見圖八），八階魔方陣（見圖九）（數字請讀者自行填入作為練習）。

所有奇數階的對稱魔方陣，正中央的數必須是

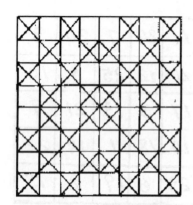

圖九：把 1,2,……,64 順序由左到右，一列一列由上往下填，每逢空白格子就改填互補的數，如此可得一個八階對稱魔方陣

4	23	17	11	10
12	6	5	24	18
25	19	13	7	1
8	2	21	20	14
16	15	9	3	22

圖十：一個五階對稱鬼方陣

$\dfrac{(n^2 + 1)}{2}$。但奇數（比三大）階鬼方陣則中央的數可以是任何數，這是因為鬼方陣如將最上一列移到最底下或最左一行移到右邊仍然是鬼方陣的關係。一個奇數階鬼方陣有時候也同時是對稱方陣，例如圖十就是一個五階對稱鬼方陣。任意奇數階對稱鬼方陣的排法如下：先把 1 放在中間一列的最右方（請參閱圖十），再往下移一格向右移 k 格（階數是 $2k + 1$）填入 2，如此順序把由 1 到 n 填入，然後把 $n + 1$ 填 $2n$ 的左邊一格，再把 $n + 1$ 到 $2n$ 依照由 1 到 n 的填法填入方陣，以下依此類推。

階數是 $n = 4k$ 的鬼方陣可用下法排成：（請參閱圖十一）把 1 放在方陣的左上角第一行第一格，把 2 放在次一列的倒數第二格，把 3 放在再次一列的第三格，如此交錯排列到 $2k$ 為止，然後把 $2k + 1$ 放在第 $2k + 1$ 列的倒數第 $2k + 1$ 格，$2k + 2$ 放在

$2k+2$列的第 $2k+2$格，交錯排到 N 為止。$n+1$則放在最右邊一行由上往下數第$2k+1$格，$n+2$放在次一列第二格，以下排法如前同。總而言之，$1, 2n+1, 4n+1, \cdots\cdots (2k-1)n+1$ 放在左邊第一行的 $1, 3, 5, \cdots\cdots 2k-1$格，而 $n+1, 3n+1, \cdots\cdots (2k-1)n+1$則放在最右邊一行的 $2k+1, 2k+3, \cdots\cdots n-1$格。這樣由 1 到 $\frac{1}{2}n$ 都有固定位置，到 $\frac{1}{2}n^{2+1}$的 n^2 數字則與互補的數字沿同一對角線錯開 $2k$ 格。

1	23	-31	-9	13	27	-19	-5
20	-6	14	28	-32	-10	2	24
17	-11	3	-25	29	-7	15	-21
16	-22	30	-8	4	-26	18	-12
-13	-27	19	5	-1	-23	31	9
32	10	-2	-24	20	6	-14	-28
-29	7	-15	21	-17	11	-3	25
-4	26	-18	12	-16	22	-30	8

圖十一：一個八階鬼方陣（$-n$代表和n互補的數字）

當魔方陣的階數是 $4k+2$時，可先把方陣正中間的 $4k$ 階方陣用上述方法由$2n-1$開始排列成一個魔方陣，再把剩下的 $2n-2$ 對互補的數字$(1,-1), (2,-2), \cdots\cdots (2n-2, 2-2n)$適當的排在方陣四周，例如六階魔方陣（見圖十二）。此處$-m$代表和 m 互補的數字。請注意圖中每行每列及對角線（不計當中的方陣）數字總和都是零，同時每一

1	-5	-6	-7	9	8
-2					2
3					-3
-4					4
10					-10
-8	5	6	7	-9	-1

圖十二：一個六階魔方陣

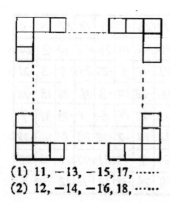

(1) 11, −13, −15, 17, ……
(2) 12, −14, −16, 18, ……

圖十三：一個4k+2階魔方陣

邊有了個負數。滿足這些條件的解不止一種。當 k 大於 1 時之通解（如圖十三），圖中空白格子內的數字和圖六。完全相同。

　　以前說過，階數大於四的魔方陣解法以百萬計，本文所提供的解法只是各種解中比較簡單而又便於記憶的一種而已。

（1972 年 10 月號）

早夭的天才數學家伽羅瓦

◎─薛昭雄

美國內華達大學終身職教授

他有天才、熱情,但卻迭遭挫折……

1811 年 10 月 25 日,伽羅瓦(Evariste Galois)誕生於巴黎近郊。他的父親是一個共和黨員,鄉村自由黨派的領袖,1814 年,路易十八復位後,被任命為該市的市長。他的母親是一位法律學者的女兒。由於在宗教和古典文學上的良好教養,使她能說一口相當流利的拉丁話。

十二歲以前,伽羅瓦皆由他的母親一手教導,因而在古典文學上打下了十分徹底的基礎。他過了一段愉快的童年生活。其實在十歲那年,他有個機會可進入 Reims 學院,但是他的母親寧願他留在家裡。1823 年 10 月他進入 the lyce'e Louis-le-Grand 就學。在他才唸第一學期的時候,校內學生大鬧學潮並拒絕去禮拜堂唱讚美詩,結果有一百名學生被遭開除。

伽羅瓦在學校的頭兩年中表現相當優越，曾獲得拉丁文的首獎，但不久他開始厭倦了。他被迫重修三年級的課，但這樣更增加了他的厭煩感。也就在這期間，伽羅瓦開始對數學產生真正的興趣。有一次，他得到一本勒壞得（Legendre）寫的《*Elements de Geometrie*》，這是一本幾何學名著，它與學校裡所學的傳統歐基里得幾何學截然不同。據說他把這書當作一本小說來讀，而且只讀一遍就深得其精髓。學校的代數課本簡直無法與勒壞得的名著相比，於是伽羅瓦轉而又研究拉格朗日（Lagrange）和阿貝耳（Abel）的原著。十五歲時，他就研讀那些寫給數學家看的東西。但這時他的學校成績仍舊平凡，他幾乎已對學校課業完全喪失了興趣。他的老師們因而都對他沒有好的印象，而且譏笑他好高騖遠不切實際。

伽羅瓦在工作時雜亂無章，這也可由他的一些手稿中看出。他總是不斷地在腦袋裡工作，僅把深思熟慮的成果付之於紙筆。他的老師 Vernier 曾要他寫得系統些。但伽羅瓦卻不太理會他的勸告。其後他參加了巴黎工藝學院的入學考試，但事先並無作充分的準備。這次考試若能通過，無異是他將來成功的最佳保證。因為巴黎工藝學院是法國數學家培育的溫床。而不幸他卻失敗了。二十年後，Terquem（《*the Nouvelles Annales des Mathematiques*》的主編）對這件事做了一些解釋：「一個才智卓越的考生敗在才智平庸的主考官手

上。因為他們不能了解天才，反而視之為異鄉人。……」

　　1828 年，伽羅瓦進入 EcoleNormale 且加入 Richard 指導的數學高級班。這位老師對他十分讚賞，認為他根本不必經由考試就該獲准進入工藝學院的。1829 年，他發表了第一篇論文〈On Continuous Fractions〉，雖然這篇論文已顯示他的能力，卻尚未表現出他的天分。這時候，伽羅瓦在多項式理論中又有了重大的發現，並且向科學學會提出一些他的成果。當時的評審員是柯西（Cauchy）。柯西已經發表過一些論文，是討論到變數變換時，函數變動的研究，此亦即是伽羅瓦理論的中心主題。柯西拒絕了這份研究報告。八天以後，伽羅瓦提出的另一份報告亦遭同樣的命運，而這些原稿就此失落，未曾再被人看到過。

　　同年，又發生了兩件不幸的事。伽羅瓦的父親因與鄉村牧師起了一場劇烈的政治爭執而於 7 月 2 日自殺身死。幾天以後，伽羅瓦再度參加工藝學院的入學考試——這是他的最後機會了。傳說他在考試時曾大發脾氣，把板擦丟在主考官的臉上。但是據 Bertrand 說，這傳說並非屬實。事實上，主考官 Dinet 要求伽羅瓦略述「算術對數」（arithmetical logarithms）的理論，但伽羅瓦答覆他根本沒有「算術對數」，於是 Dinet 叫他落了榜。

　　1830 年 2 月，伽羅瓦向科學學會提出他的研究，以期爭取數學最

高獎——這是數學界最高的榮譽。他這篇論文其後被評判遠超那份獎品的價值。原稿經由秘書傅立葉（Fourier）帶回細讀，但在未及讀完之前他卻去世了。而此原稿在他的文稿中並未找到。據 Dupuy 說，伽羅瓦認為他的論文一再的失落，並非僅出自機緣，而是社會所造成的必然結果；在這個庸才充斥的社會中，真理永遠被否定，而天才亦永遠招致非議。

　　1824 年，查理十世繼承路易十八為王。1827 年，反對政府的自由主義派人士佔獲選舉的優勢。到了 1830 年，他們即已獲得絕大多數的選票。查理十世面臨此被迫退位的局面，企圖發起一次政變。於是在 7 月 25 日發布了眾所不滿的法令，欲剝奪人民言論出版的自由。全國人民在忍無可忍之下，群起反叛。叛亂持續了三天，雙方達成協議由 Orléans 的公爵 Louis-Philippe 做國王。在這三天期間，當巴黎工藝學院的學生正在大街小巷熱衷於叛變之際，伽羅瓦和同學們卻被校長關在校內。伽羅瓦為此十分憤怒，結果寫了一封污辱的信攻擊他，登在一份雜誌《Gazette des Écoles》上，並且簽上自己的大名。雖然主編已刪除了他的簽名，而伽羅瓦仍為了此「匿名」信被開除。

　　1831 年 1 月，伽羅瓦初次開始嘗試做私人數學教師，教授高等代數學，教得相當成功。1 月 17 日他再度寄了一篇研究報告給科學學

會，提出關於多項式能以根式求解的條件。當時柯西已離開巴黎，而帕松（Poisson）和拉庫瓦（Lacroix）被任命為評審委員。過了兩個月，伽羅瓦仍未獲任何回音，於是他寫信給科學學會的會長，詢問究竟是怎麼回事，但又是石沉大海。

後來，他加入了「國民軍」的炮兵隊，這是一個擁護共和的組織，沒多久這些軍官們皆冠以謀判的罪名被逮捕，但陪審團宣判他們無罪。炮兵隊繼遭國王下令解散。5月9日，反政府人士舉行了一次集會，集會進行得愈來愈熱烈，當與會人士情緒達顛峰之際，伽羅瓦手中握著一把閃亮的刀，建議為 Louis-Philippe 乾一杯。他的同伴們將此解釋為對國王性命的威脅，拼命鼓掌至衷激賞。最後，他們在街上又跳又叫的結束了集會。第二天，伽羅瓦即遭逮捕。審判時他承認了一切，但是聲明他提議乾杯時，實際上高喊的是「為 Louis-Philippe 乾一杯，若他變成賣國賊！」只是喧囂聲淹沒了後半句而已。陪審團最後宣告他無罪，而於 6 月 15 日重獲自由。

7 月 14 日，伽羅瓦身穿已被解散的炮兵隊制服，帶著刀槍，走在共和黨示威隊伍的最前鋒。於是他又被拘捕，以非法穿著制服的罪名，被判在 Sainte-Pelagid 監獄中服刑六個月。在獄中，他著手做了些數學的研究工作，然後在 1831 年霍亂猖獗期間，被送往醫院，不久即獲准假釋。

重獲自由後，他認識了一位叫 Stephanie D.的女孩子（她的姓名已不可考）。這是他一生中唯一的戀愛。她的名字出現在伽羅瓦的一篇手稿中，但是被橡皮擦擦過。這段愛情插曲帶了不少神秘的色彩，在以後的許多事件上影響至鉅。由信件的片斷顯示，伽羅瓦被她拒絕後幾乎無法承受這個打擊。沒過多久，他接到決鬥的挑戰，表面上是因為那女孩子的關係，而這件事著實令人費解。有一派說法是認為這整個事件的目的是他的對方要鏟除一個政治敵手，而這女孩子只不過是用來捏造一個「榮譽事件」的口實而已。但據 Dalmas 由警方的報告所引證，另一個決鬥者也是個共和黨員，可能是伽羅瓦的一個革命同志，而這場決鬥的情節就恰如表面所見的那麼簡單。事實究竟如何，至今仍是個謎。

5月29日，也就是決鬥前夕，他寫了一封信給他的朋友 Auguste Chevalier，略述他在數學上的發現，後來被 Chevalier 發表在《*Revue Encyclopedique*》中。在信中他描述了群和多項式之間的關連，說明一方程式若其群為可解，則此式可由根式解之；他同時也提到許多其他的概念，有關橢圓函數和代數函數的積分，還有其他許多未經言明，令人無法確認之處。這整封信真是佈滿了悲憤，甚至在其邊緣還附了一行潦草的字：「我沒有時間了」！

這是一場相距二十五步的手槍決鬥。伽羅瓦腹部中彈，而於一

天後，在 5 月 31 日，因腹膜炎去世。去世前，他拒絕了牧師的死前禱告。1832 年 6 月 2 日被葬於 Montparnasse，死時年方二十一歲。

（1975 年 1 月號）

漫談費布那齊數列

◎─黃敏晃

任教於臺灣大學數學系

棋盤疑謎

棋盤疑謎（Chess Board Paradox）是一個很有名的數學謎題，我們不妨就把它拿來作為本文的引子。最常見的棋盤疑謎是這樣的：取一個西洋象棋盤（這是一個每邊為八個單位長的正方形）如圖一切成四部分，再重新組合成圖二的長方形。

仔細一看，原來圖二是不正確的，正確的圖應該是圖三，圖二中的「對角線」，應該是圖三中極扁極窄的狹小空間，其面積剛好就是多出來的一個單位。這個棋盤疑謎，顯然是由人類視覺的不可靠，與作圖的不精

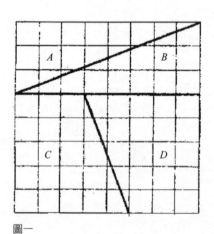

圖一

確所導致的（這就是數字所以強調「證明」的原因了）。

圖一的面積是 $8 \times 8 = 64$ 個單位，而圖二的面積則是 $5 \times 13 = 65$ 個單位。重新組合後就好像是變魔術一樣，多出了一個單位的面積，怎麼回事？

如果把每邊五個單位長的正方形，照上例依樣畫葫蘆，我們就得到圖四的分畫，並重新組合成圖五，而做成 $3 \times 8 = 24$ 個單位面積的長方形，這回卻少了一個單位面積（$5^2 - 3 \times 8 = 25 - 24 = 1$）。

但這個魔術現在對我們已經無效了，因為我們已學得很小心，立

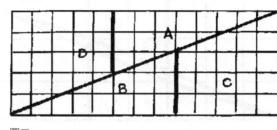

圖二

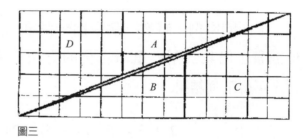

圖三

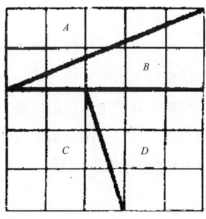

圖四

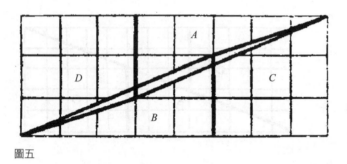
圖五

刻就會抓住它們破綻：圖五中的「對角線」部分，有狹長的重疊，重疊部分的面積，就是少掉的一個單位面積。

上面的兩例，雖然一個多出一個單位面積，另一個少掉一個單位面積，但其分割與重新組合的方法，卻是一樣的。以數字來分析，可得下列結果：

$$2 + 3 = 5, 3(3 + 5) = 24 = 5^2 - 1$$
$$3 + 5 = 8, 5(5 + 8) = 65 = 8^2 + 1$$

利用同樣的分割，與重新組合的手段，我們可以把每邊長十三個單位的正方形，組合成長二十一個單位，寬八個單位的長方形。同樣的，我們也可以把每邊二十一個單位長的正方形，分割後重新組合成，長三十四個單位寬十三個單位的長方形（請讀者自備方格紙，剪開拼合以好實驗），下面就是這兩例的數字分析：

$$5 + 8 = 13, 8(8 + 13) = 168 = 13^2 - 1$$
$$8 + 13 = 21, 13(13 + 21) = 442 = 21^2 + 1$$

不難想像到，具有上述性質的正方形，其邊長似乎有某些關係：5，8，13 = 5 + 8，21 = 8 + 13，那麼邊長為 34 = 13 + 21 的正方形，有沒有上述性質呢？先作數字分析如下

$$13 + 21 = 34, 21(21 + 34) = 1155 = 34^2 - 1$$

由此可知，它也可分割而後組成，長 55 寬 21 的長方形。同理，邊長為 55 的正方形，也可分割後組成長 89 = 34 十 55，寬 34 的長方形：

$$21 + 34 = 55, 34(34 + 55) = 3026 = 55^2 + 1$$

這樣由 5 與 8 開始，我們就可得到一連串的數（即數列）：

5，8，13，21，34，55，89，144，………。如果在這個數列前，再加 4 個數：1，1，2，3，我們就得到有名的費布那齊數列（Fibonacci sequence）：1，1，2，3，5，8，13，21，34，55，89，144，………。

費布那齊數列

　　據說費布那齊數列（以下簡稱費氏數列），是於西元 1202 年，費氏為了解決兔子繁殖的實際問題，而發展出來的。費氏觀察他養的兔子發現：每對兔子出生後滿兩個月，就開始產子一對，之後每個月產子一對。

　　如果某人買了一對剛出生的兔子，則他以後各個月所有的兔子的對數（假設兔子不死）就是：頭一個月一對，第二個月還是一對，第三個月二對，第四個月三對，第五個月五對，第六個月八對，等等。這些對數就是費氏數列的頭幾個數。

　　一般地說，到了第 n 個月，此人擁有的兔子的對數，就是第 n-1 個月擁有的兔子對數，加上新生兔子的對數。而新生兔子的對數，就是二個月前（即第 n-2 個月）擁有的兔子的對數（註：要滿二個月大的兔子才會產子）。

　　如果以 $f(n)$ 表示此人在第 n 個月擁有兔子的對數，則我們就得到構成費氏數列規則的遞迴關係式（recursive formula）：

$f(1) = f(2) = 1$，而 $n \geq 3$ 時，

$$f(n) = f(n-1) + f(n-2) \cdots\cdots\cdots\cdots\cdots\cdots\cdots\cdots\cdots ①$$

查遍費氏當時的文獻，並沒有明確地記載著①式。最早記載①式的文獻，是在費氏的四百年後，而棋盤疑謎的見諸數學刊物，更是其後二百年的事情。說穿了，棋盤疑謎只是依照下列費氏數列的特性而成的：

$$f(n-1)f(n+1)=f^2(n)+(-1)^2 \quad\cdots\cdots\cdots\cdots\cdots\cdots\cdots\cdots\cdots\cdots ②$$

上節所談的幾個例子，祇不過是 $n=5，6，7，8$ 時的情形。②式的證明，可以用數學歸納法得到：

$n=2，3，4，5，6，7，8$ 時，②式都成立。現在假定 $n=k$ 時，②式成立，即

$$f(k-1)f(k+1)=f^2(k)+(-1)^k$$

要證明，$n=k+1$ 時，②式也成立。但是

$$
\begin{aligned}
& f^2(k+1)+(-1)^{k+1} \\
&= f(k+1)\left[f(k-1)+f(k)\right]+(-1)^{k+1} \\
&= \left[f(k+1)f(k-1)\right]+f(k+1)f(k)+(-1)^{k+1} \\
&= \left[f^2(k)+(-1)^k\right]+f(k+1)f(k)+(-1)^{k+1} \\
&= f^2(k)+f(k)f(k+1)
\end{aligned}
$$

而 $f(k)f(k+2)=f(k)\,[\,f(k)+f(k+1)\,]=f^2(k)+f(k)f(k+1)$

所以 $f^2(k+1)+(-1)^{k+1}=f(k)f(k+2)$ 即在 $n=k+1$ 時，②式也成立。所以，②式證明完畢。

費氏數列的一些性質

費氏數列，也可以由楊輝三角中得到。楊輝三角又叫巴斯卡三角（Pascal triangle）。楊輝三角是由 $(n+1)^n$ 的展開式中，各項係數所構成的。在下表中，我們可以看到其間的關係：

```
1 = F(1)        1
1 = F(2)        1   1
2 = F(3)        1   2   1
3 = F(4)        1   3   3   1
5 = F(5)        1   4   6   4   1
8 = F(6)        1   5  10  10   5   1
13 = F(7)       1   6  15  20  15   6   1
21 = F(8)       1   7  21  35  35  21   7   1
34 = F(9)       1   8  28  56  70  56  28   8   1
```

由上表，不難聯想到費氏數列中各項，與組合數C_k^n，之間的關係是[註]

$$f(n+2) = C_0^{n+1} + C_1^n + C_2^{n-1} + \cdots\cdots$$
$$= \Sigma C_k^m \text{（其中}m \geq k，m + k = n + 1）\cdots\cdots\cdots\cdots ③}$$

費氏數列除上述的②與③的性質外，還有下列的關係；其中甲、乙、丙、丁諸陳述是比較簡單的，戊、己則比較困難，所以附上例子。至於這些關係的證明，就此省略，請讀者自行研究：

甲、$f(1) + f(2) + \cdots + f(n) = f(n+2) - 1$。

乙、$f(1) + f(2) + \cdots + f(10) = 11f(7)$。

丙、$f(n)f(n-1) - f(n-1)f(n-2) = f(2n-1)$。

丁、$f^2(n-1) + f^2(n) = f(2n-1)$

戊、如果 $f(p)$是個質數$(p > 4)$，則 p 必然是個質數。例如，$f(11) = 89$為質數，則 $p = 11$也是質數。注意，此性質的逆陳述並不成立。例如，31 是個質數，但$f(31) = 1346269 = 557 \times 2417$。

（註）3.式的詳細證明，與楊輝三角的詳細討論，請參閱黃敏晃著《新編高中數學課本》，數理出版社出版，第五冊第三章，或 Ivan Niven 原著，楊獻猶譯的《排列與組合》，中央書局出版。

己、 1.如果 p 是 $10k \pm 1$ 形式的質數，則 $f(p)$ 成 $pa + 1$ 的形式，其中 a 與 k 為整數。

2.如果 p 是 $10k \pm 3$ 形式的質數，則 $f(p)$ 成 $pb - 1$ 的形式，其中 b 與 k 為整數。

例①

$p = 10k\pm1$	$f(p)$
11	$89 = 11 \times 8 + 1$
19	$4181 = 19 \times 220 + 1$
29	$514229 = 29 \times 17732 + 1$
31	$1346269 = 31 \times 43428 + 1$
41	$165580141 = 41 \times 4038540 + 1$

②

$p = 10k\pm1$	$f(p)$
7	$13 = 7 \times 2 - 1$
13	$233 = 13 \times 18 - 1$
17	$1597 = 17 \times 94 - 1$
23	$28657 = 23 \times 1246 - 1$
37	$24157878 = 37 \times 652914 - 1$

葉序圖

　　純數字談得不少了，現在該換換口胃，來看費氏數列在大自然的植物學中，佔著什麼地位。費氏數列明顯地表現在植物的葉序（phyllotaxis）上，葉序是指樹葉在樹枝上的排列情形。

圖六

　　例如就櫻樹而言，在其一枝上，用細線把相鄰的葉子，沿著同一方面繞著樹枝聯下去。我們將可看到此線，繞成螺旋的樣子，而且每經五片葉子，每繞樹枝兩圈，（葉子的位置）就回到原來的相當位置（見圖六）。所以，櫻樹葉子在樹枝上的排列情形，就完全可以用這二個數 2 與 5 表示出來。一般地說，我們常用下列的分數來表示，並把這個分數叫做葉序：

$$\frac{回到原位置時所繞樹枝的圈數}{回到原位置時所經的葉子數}$$

　　那麼櫻樹的葉序就是 $\frac{2}{5}$，橡樹等的葉序也是 $\frac{2}{5}$。

榆樹（elm）的葉是互生的（葉子交互長在相反的方向上），所以其葉序是 $\frac{1}{2}$，櫸樹（beech）的葉子每經三葉，恰繞樹枝一圈，且回到原來的相當位置，所以其葉序是 $\frac{1}{3}$，其他如梨樹的葉序是 $\frac{3}{8}$，柳樹的葉序是 $\frac{5}{13}$ 等等，奇妙的是所有的葉序，分子與分母都是費氏數列中的數字，絕無例外（除非樹枝受損傷或被扭彎過）。

松果與鳳梨的鱗片，乃至向日葵的種子，它們鱗片的排列則有所不同。它們緊密相靠，上述葉序的定義不能應用上來，但它們的排列有螺旋狀的特徵，由此我們可得出一些規律，而得到一種葉序圖，可稱之為交錯螺旋互生葉序（parastichy）。

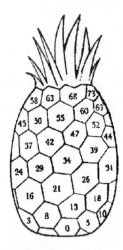

圖七是個鳳梨，鱗片上的數字表示，該鱗片在中央軸上投影的高低次序。例如號碼 4 的鱗片（圖上看不見），其位置較號碼 5 的鱗片低，而較號碼 3 的鱗片高（請讀者自己買個鳳梨觀察）。

由圖上可看到三種獨立的螺紋葉序圖，其一為沿著數字為 0，5，10 等緩慢上升的右手螺旋。另一種是沿著數字 0，13，26 等上升陡峭的右手螺旋。最後一種則是左手螺旋，陡峭度介於前二

圖七

者之間，即 0，8，16 等所示之螺旋。

　　稍微注意一下，就可發現這些代表著螺紋的數字，成等差數列，且以 5，8，13 為其公差，而 5，8，13 正是費氏數列中的連續三個數字！

　　這麼一個單純的數列，竟與大自然的神祕性，有如此微妙的關係，怎不令人拍案叫絕呢！

（1974 年 7 月號）

一個名為「拈」的遊戲

◎—李宗元　黃敏晃

李宗元：中央大學數學系

黃敏晃：臺灣大學數學系

一、「拈」這種遊戲

　　「拈」這個遊戲本是中國民間的遊戲，英文叫做 nim，大概這遊戲在當年大批華工到美國去做工，在工作之餘，撿石頭消遣或賭博時，被美國佬學了去〔當年的華工大部分是廣東人，nim，是由廣東話「拈」（取物之意）轉音而來〕。查韋氏字典 nim 亦有偷（steal）及扒（pilfer）的意見，為什麼會多出這些意思來呢？下文自會交待。

　　有三堆石子，每堆數目不拘，甲乙輪流自其中一堆拿石子（不能同時自不同的堆中拿取），拿多少隨意（但至少得拿一個），最後拿光石子的人為勝利者。

　　舉個例說，設三堆石子數分別為 2、5、6。假定你把 2 個那堆拿

光，使或0、5、6，而對手則由6個那堆拿五個，剩下0、5、1。此時你若由 5 個那堆拿四個，使成 0、1、1，則對手就輸定了。因為他必須（也只能）拿一個，留下一個眼睜睜的看你拿去。

為了便於討論，任一階段的三堆石子數目，將用符號記作 $\{a,b,c\}$。$\{a,b,c\}$ 代表的型態，顯然與 a,b,c 三數（都是非負整數）的順序無關。若經你拿過後，出現了 $\{a,b,c\}$，則說你佔有 $\{a,b,c\}$ 的型態。

如同象棋中有殘局一樣，「拈」中也有殘型。象棋中的殘局是指棋賽進行到某階段，棋子較少而勝負已定的清楚局面（即，若與賽兩人都有相當水準，按合乎邏輯性的走法，則誰勝誰負已成定局）。

「拈」中的殘型則可分優勝殘型與失敗殘型。當你占有優勝殘型後，若以後都按合乎邏輯性的拿法，則不管對手如何拿，他都註定必敗。反過來說，當你占有失敗殘型時，若對手以後都按合乎邏輯性的拿法，則你也敗定了。

例 1：$\{0,1,1\}$ 是個優勝殘型。$1,a,a$ 也是個優勝殘型：對手由某堆拿 b 個，則你由另一堆中拿 b 個。

當 $a > 0$ 時，$1,1,a$ 是個失敗殘型：此時只要把 a 個那堆拿光，則成 $\{0,1,1\}$ 的優勝殘型，同理，當 $b > 0$ 時，$\{a,a,b\}$ 也是個失敗殘型。

例 2：$\{1,2,3\}$ 為優勝殘型，分為六種情形討論：

① {1,2,3} 他 {0,2,3} 你 {0,2,2}，

② {1,2,3} 他 {1,1,3} 你 {1,1,0}，

③ {1,2,3} 他 {1,0,3} 你 {1,0,1}，

④ {1,2,3} 他 {1,2,2} 你 {0,2,2}，

⑤ {1,2,3} 他 {1,2,1} 你 {1,0,1}，

⑥ {1,2,3} 他 {1,2,0} 你 {1,1,0}，

例3：{1,4,5} 為優勝殘型，分為十種情形討論：

① {1,4,5} 他 {0,4,5} 你 {0,4,4}，

② {1,4,5} 他 {1,3,5} 你 {1,3,2}，

③ {1,4,5} 他 {1,2,5} 你 {1,2,3}，

④ {1,4,5} 他 {1,1,5} 你 {1,1,0}，

⑤ {1,4,5} 他 {1,0,5} 你 {1,0,1}，

⑥ {1,4,5} 他 {1,4,4} 你 {0,4,4}，

⑦ {1,4,5} 他 {1,4,3} 你 {1,2,3}，

⑧ {1,4,5} 他 {1,4,2} 你 {1,3,2}，

⑨ {1,4,5} 他 {1,4,1} 你 {1,0,1}，

⑩ {1,4,5} 他 {1,4,0} 你 {1,1,0}，

二、對應與偶性型態

觀察優勝殘型 $\{0,a,a\}$，$\{1,2,3\}$ 與 $\{1,4,5\}$，不難歸納出一種簡單的共同性質：其中兩數的和等於第三數。此性質是否為優勝殘型的某種條件？例3中的⑦立刻給出它為充分條件的反例：$\{1,4,3\}$ 為失敗的殘型，而 $1 + 3 = 4$。

實際上，此性質也不是優勝殘型的必要條件：讀者不難仿例2與例3的方法，證明 $\{3,5,5\}$ 是一優勝殘型（分十四種情形，其中有一種得利用 $\{2,4,6\}$ 為一優勝殘型的結果，所以先得證明這點）。

雖然上述性質不是優勝殘型的條件，但經已知的優勝殘型的例子裡，我們似乎可以感覺到，其各堆的石子數有某種神秘的對應。尤其是 $\{0,a,a\}$ 的邏輯拿法——他由某堆拿 b 個，則我也由另一堆拿 b 個——這種拿法實在有難以形容的簡單，和諧的旋律，隱約的暗示著某種對應。

要說明這種神秘的對應，需要用數的二進位表示法。我們假定讀者都清楚數的二進位表示法。例如

$$5 = 1 \times 2^2 + 0 \times 2 + 1$$

所以用二進位表示時，5 就寫成 101。這與十進位表示中

$$143 = 1\times10^2+4\times10+3$$

所以 143 就寫 143 的道理是一樣的。下面利用二進法來表示已知優勝殘型中各數，並由此來看其間的對應。

例 4：{1,2,3} 中各數用二進位表示得 1,10,與 11，把這三數位數對齊用直式相加，結果不用「逢二進一」的原則，可得各位數都為偶數。其對應情形如圖一。

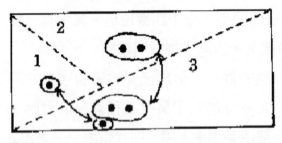

$$1 = 1 \qquad\qquad 1$$
$$2 = 1\times2 + 0 \qquad 10$$
$$3 = 1\times2 + 1 \qquad \underline{11\,(+}$$
$$\qquad\qquad\qquad 22$$

圖一

例 5：仿照上例的方法處理優勝殘型 {1,4,5} 與 {3,5,6}，可見其對應情形如圖二與圖三。

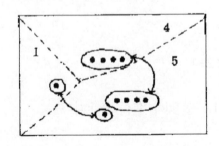

$$1 = 1 \longrightarrow 1$$
$$4 = 1\times2^2 + 0\times2 + 0 \rightarrow 100$$
$$5 = 1\times2^2 + 0\times2 + 1 \rightarrow \underline{101\,(+}$$
$$\qquad\qquad\qquad\qquad\qquad 202$$

圖二

$$3 = 1 \times 2 + 1 \longrightarrow 11$$
$$5 = 1 \times 2^2 + 0 \times 2 + 1 \rightarrow 101$$
$$6 = 1 \times 2^2 + 1 \times 2 + 0 \rightarrow 110 \; (+$$
$$\overline{ 222}$$

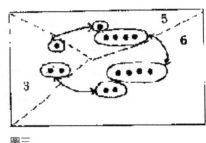

圖三

　　這種對應就是先把各堆的石子，

以二進位表示法分成單位，然後每個單位與另一堆中的相等單位作對應。不難由上述例子看到，一型態有上述對應的充要條件是，此型態中各數以二進位法表示後，用直式相加的結果（不「逢二進一」）中，出現的數字都是偶數。

　　設一型態中各數以二進位法表示後，作直式相加的結果（不逢二進一），叫做此型態的鑑別數。一型態的鑑別數中出現的數字，若均為偶數，則此型態是偶性的；若不然（即至少出現一奇數），則此型態是奇性的。

　　例 6：{5,9,12} 是偶性的，而 {5,13,43} 則是奇性的。

$$9 = 1 \times 2^3 + 0 \times 2^2 + 0 \times 2 + 1 \text{，} 12 = 1 \times 2^3 + 1 \times 2^2 + 0 \times 2 + 0$$

$$(*) \begin{cases} 5 \longrightarrow 101 \\ 9 \longrightarrow 1001 \\ 12 \longrightarrow 1100 \; (+ \end{cases}$$
$$\overline{ 2202}$$

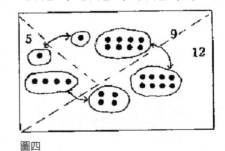

圖四

$$(\ast\ast) \quad \begin{cases} 5 \longrightarrow 101 \\ 13 \longrightarrow 1101 \\ 43 \longrightarrow 101011 \ (+ \\ \hline \qquad\qquad 102213 \end{cases}$$

三、致勝的邏輯拿法

若把偶性型態看成優勝殘型的推廣，則我們應該發展出一種拿法，使我們在佔有偶性型態後，一定得到勝利。

首先觀察到，若由一型態的某堆中拿取石子，就相當於在得到此型態鑑別數的直式中，對應於此堆數的二進位表示的那列中，把某些 1 改成變了 0（此列中某些 0 也可能同時改變成 1）。

若原來為偶性型態，則任何拿法都會破壞其對稱性，即其偶性。因為說直式某列中由左第一個發生變化的是2^n位數（這個變化一定是由 1 變到 0），則鑑別數中相對於此行的數字一定變成了奇數（即由 2 變成 1）。例如，由{5,9,12}的 12 那堆中拿去二個，則得下列變化

$$5 \longrightarrow 101 \qquad\qquad 5 \longrightarrow 101$$

$$9 \longrightarrow 1001 \qquad 變成 \qquad 9 \longrightarrow 1001$$

$$12 \longrightarrow 1100 \,(+ \qquad\qquad 10 \longrightarrow 1010 \,(+$$

$$\overline{\qquad 2202 \qquad} \qquad\qquad \overline{\qquad 2112 \qquad}$$

即，由偶性型態的某堆中拿取石子後，一定變為奇性型態。下面說明，對手占有奇性型態時，則有一定的拿法，使我在拿過後，占有偶性型態。拿法如下：

在此型態的鑑別數中找出左邊算來第一個奇數字（即 1 或 3，因此型態為奇性，奇數字一定存在），在直式而相對應於此行含有 1 的某列的那堆中拿取石子。取後一定要使 1 變成 0，並且使此列中相對應於鑑別數中奇數字出現的各行都起變化，即使 0 變成 1，1 變成 0。這樣得到的新型態一定為偶性。

例 7：在 {5,13,43} 中拿石子時，一定得由 43 那堆中拿，因為鑑別數 102213　中的 2^5 位有個 1，又因鑑別數的最後兩位數為 1 與 3（即 2^1 位與 2^0 位），所以得在 43 那堆中取去 $2^5 + 2 + 1 = 35$ 個（43 的 2^1 與 2^0 位都為 1，故改成 0）。

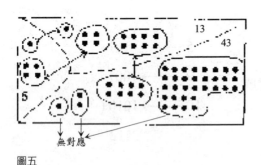

圖五

無對應

如果回頭看圖五，則知我們的拿法是把 43 那堆中無對應的那些單位，統統拿走。需要特別注意的則是，此例為簡單的情形：圖五中無對應的單位都屬於 43 的那堆。若無對應的單位，不一定屬於要拿走石子那堆時，則有變化。

例 8：{7,14,18} 是奇性的，應由 18 那堆中拿，但此時應顧及鑑別數 11231 中 $2^3,2^1$ 與 2^0 位的奇數（計算如下）：

$$
\begin{array}{ll}
7 \longrightarrow 111 \\
14 \longrightarrow 1110 \\
18 \longrightarrow 10010\ (+ \\
\hline
\qquad 11231
\end{array}
\qquad \longrightarrow \qquad
\begin{array}{ll}
7 \longrightarrow 111 \\
14 \longrightarrow 1110 \\
9 \longrightarrow 1001\ (+ \\
\hline
\qquad 2222
\end{array}
$$

例 9：{17,21,29} 的鑑別數為 31203（計算如下），其由左算來第一位奇數為 3，此時有 3 種拿法，即由 17 堆中，由 21 堆中，或由 29 堆中拿石子都可以：{17,21,29}

$$17 \longrightarrow 10001$$
$$21 \longrightarrow 10101$$
$$29 \longrightarrow 11101 \ (+$$
$$\overline{\qquad 31203 \qquad}$$

$$8 \longrightarrow 01000$$
$$21 \longrightarrow 10101$$
$$29 \longrightarrow 11101 \ (+$$
$$\overline{\qquad 22202 \qquad}$$

$$17 \longrightarrow 10001$$
$$12 \longrightarrow 01100$$
$$29 \longrightarrow 11101 \ (+$$
$$\overline{\qquad 22202 \qquad}$$

$$17 \longrightarrow 10001$$
$$21 \longrightarrow 10101$$
$$4 \longrightarrow 00100 \ (+$$
$$\overline{\qquad 20202 \qquad}$$

四、最後的幾句話

由上述的說明知道，若你一旦佔有偶性型態，則按邏輯拿法，你可以一直佔有偶性型態到底，即直到你佔有了{0,0,0}而宣告勝利為止。反過來說，當你佔有奇性型態時，若對手知道邏輯拿法，則你也註定必敗。所以，偶性型態是優勝殘型，而奇性型態則是失敗殘型。

「拈」有趣的地方就是，其每一型態若不是優勝殘型，則為失敗殘型。顯然，在一般的複雜遊戲中我們無法把所有型態，按上述

意義分成這樣的兩類。從另一角度看，這也是「拈」無趣的地方：若兩人都知道其分類與邏輯拿法，只須看開始的型態與誰先拿，勝負就已決定，不用玩了。

當然，若三堆數目很大時，兩個看過本文的玩起來還是有趣的。尤其加上時間限制的話（譬如說每五秒鐘得拿一次），則除非你默記過許多優勝型態，或心算神速，否則邊玩邊算一定超出時間。

對不知道分類與邏輯拿法的兩人，每堆數目不必太大，譬如說限制在10以下，1以上，則對這樣的219種型態中，優勝殘型只有下列10種：{1,2,3},{1,4,5},{1,6,7},{1,8,9},{2,4,6},{2,5,7},{2,8,10},{3,4,7},{3,5,6},{3,9,10},。即失敗殘型佔了大部分（209／219），所以對先拿的人極為有利。這點與一般的遊戲是一致的。

不難看到，拈的堆數不必限定為三堆。對堆數大於三的「拈」，其分類法與邏輯拿法是一樣的。一般拿「拈」來作賭博的騙局（知道分類與邏輯拿法者騙不知道的人）老千，常讓對手在下列中選擇一樣：

1.製造型態（即決定堆數與各堆的石子數）。

2.決定拿的順序。若對手是對「拈」一無所知的人，則他一定覺得這是個公平的遊戲，豈知他這個「獃子」或「羊羔」（被騙者）就當定了。因為當獃子選擇製造型態時，老千可算出先拿勝或敗；

若獸子決定先拿的順序，則老千可把堆數與各堆的石子數擺的很大，此時即使獸子選對了優勝殘型，也容易在玩的過程中（堆數多，數目大則玩的次數也較多，獸子出錯的機會也大）出錯。

　　不難想像，在「拈」傳到美國後，利用「拈」來騙錢的老千一定不少，對一個被騙的獸子而言，若他事後知道真相，就覺得是被明偷，或巧扒了。這就是「拈」在洋人的字典中，會有偷、扒等意思的來源了。

（本文取材自 Dan Pedoe: The Gentle Art of Mathematics Penguin Books.）
（改寫自李宗元先生在中央大學所作的〈趣味數學〉演講稿。）

（1975 年 10 月號）

代數學的故事（上）

◎—李白飛

任教於臺灣大學數學系

朋友，你學過代數吧！那麼，請你說說看，代數學在學些什麼？解方程式？對了！不過，也許你要說，那是「中學代數」嘛，人家「大學代數」學的可是什麼群啦、環啦、體啦，一些玄而又玄的東西，那裡是解方程式呢？不錯，群、環、體等抽象的代數系統，的確是近世代數所研究的對象，不過當初引進這些觀念，莫不是為了要有系統地處理方程式的問題。如果我們說，代數史就是解方程式的歷史，也不為過。現在讓我們來回顧一下代數學發展的歷史吧！

二次方程古已解之

早在數千年前，古巴比倫人和埃及人，即已著手於代數學的探索。雖然他們解決代數問題的方法，早已湮沒不彰，但是，很明顯的，從他們那高度發展的文明所帶來的種種成就，可以看出他們對

很多的代數技巧相當熟習。譬如說，規劃那些規模宏大的建築，處理浩瀚的天文資料，以及推算各種曆法等，在在都必須知道解一次和二次方程的實際知識才行。巴比倫人和埃及人的數學，具有一個共同的特色，那就是「經驗主義」：一些計算法則，似乎都是由經驗得來。例如埃及人用

$$A = \left(\frac{8d}{9}\right)^2$$

來計算圓面積（其中 d 為圓之直徑），而巴比倫人則用 $d = h + \frac{w^2}{2h}$ 來求一高 h 寬 w 的長方形之對角線長（見圖一）。大致說來，他們對於尋求特殊問題之解答的興趣，遠比歸納某類問題的解法技巧來得高。

特別值得一提的，是巴比倫人解方程式的能耐。根據出土的資料顯示，巴比倫人備有一些倒數、平方根和立方根的數值表以供應用。有一個記載著 $u^3 + u^2$ 的數值表，似

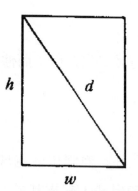

圖一：這的確是個相當不錯的近似公式。讀者不妨以 $(h, w) = (4, 3), (12, 5), (24, 7)$ 等實例去試試看。可以看出，在 $h > w$ 時，這的確是個相當不錯的近似公式。我們知道，依照二項級數的展開，$d = \sqrt{h^2 + w^2} = h\left(1 + \frac{w^2}{h^2}\right)^{\frac{1}{2}}$ $= h\left(1 + \frac{1}{2} \cdot \frac{w^2}{h^2} + \cdots\right) \doteqdot h + \frac{w^2}{2h}$（當 $h > w$）只是不曉得巴比倫人是怎麼得來的。

乎是求$ax^3 + bx^2 = c$這類三次方程之近似解時所用。[1]至於二次方程式，巴比倫人顯然已能確實地解出。古巴比倫的文獻上，曾有這麼一個問題：求一個數使之與其倒數之和等於一已知數。用我們現在的語言來說，他們是要解

$$x + \frac{1}{x} = b$$

事實上，這相當於解

$$x^2 - bx + 1 = 0$$

這個二次方程；而他們已經曉得答案是

$$\frac{b}{2} \pm \sqrt{\left(\frac{b}{2}\right)^2 - 1}$$

此外，他們也曾處理類似下面這樣的問題：若一矩形之周長和面積皆已知，試求其長及寬。這幾乎已經是典型的二次方程式了，只不過巴比倫人僅討論具體的「應用問題」罷了。

---

1 若令 $u = \frac{ax}{b}$，則原方程式變為 $u^3 + u^2 = \frac{a^2 c}{b}$。因為 $u^3 + u^2$ 為 u 的漸增函數（當 $u > 0$），所以從小 $u^3 + u^2$ 的數值表，可利用插值法求得原方程式的近似解。

公理化的數學觀

談到古代的數學，我們不能不提到希臘人。是希臘人開始探討理論性的、一般化的問題，才解脫了人類思想的桎梏，從而使數學有了長足的進步。希臘人對於數學最大的貢獻，莫過於公理系統的建立了。創出這個「公理化」的意念，該算是人類思想史上一個突破。

依照希臘人的觀念，幾何學是由一組公理出發，經過邏輯的演繹，從而得到種種定理的一種學問。希臘人有一組他們偏愛的公理系統，那就是歐幾里德（Euclid）幾何的公理。他們認為這組公理有某種形而上的意義，反映出宇宙的「真實」狀況。雖然公理化的概念對當時的代數並沒有絲毫的影響，然而近世代數學的各支，卻莫不以公理化的方法來處理。

由負數到判別式

希臘人的幾何觀，導致他們在發展代數上的一些缺陷。譬如說，用配方法解二次方程的時候，負根就忽略不計。因為他們認為負數是「不真實」的；換句話說，負數沒有幾何意義。負數是印度人所創用來表示負債的，據說第一世紀已開始使用，不過真正可考的年代，大概是在西元 628 年左右。比起希臘人的專注於幾何學來，印

度人更傾心於代數，也因此，代數學在他們的手中成長繁榮起來了。

印度人知道一個正數有兩個平方根，一正一負，而負數則「無平方根」。同時，他們也知道一個二次方程有兩個根（負根和無理根都算在內）。因為印度人承認負數的存在，所以他們在解二次方程時，就不必像希臘人一樣，為了避免負係數而分

$$ax^2 = bx + c$$
$$ax^2 + bx = c \text{（} a,b,c \text{ 皆為正）}$$
$$ax^2 + c = bx$$

三種情形來討論。解法當然也是配方法，不過由於他們無法處理負數開平方，自然也就無法解所有的二次方程了。

印度人的代數學，後來經過阿拉伯人的整理和潤飾，再傳到西方世界去。「代數學」的英文——al-gebra——便是來自阿拉伯文的 al-jabr。[2] 大家在中學時代所學到的二次方程根的公式，就是在回教帝國時代首度出現的，這個公式是說：二次方程式 $ax^2 + bx + c = 0$ 的根是

2　al-jabr 一字是「補償」的意思，這個名稱來自代數運算的「移項」。當我們將 $x^2 - 7 = 9$ 左邊的 -7 去掉時，右邊就得「補上」7 而成為 $x^2 = 16$。

$$x = \frac{-b \pm \sqrt{D}}{2a},$$

其中

$$D = b^2 - 4ac$$

即是該方程式的判別式（由於「虛數」尚未出現，自然 $D \geq 0$ 便成為有解的充要條件了）。

卡當公式來歷曲折

以後的幾百年間，數學家一直在尋求一個公式，希望能像解二次方程一樣地來解三次方程。除了某些特殊的例子以外，一般的三次方程都使數學家們束手無策。在 1494 年，甚至有人宣稱一般的三次方程是不可能有解的。幸好，有人不以為然，仍努力不懈，終於在 1500 年左右，義大利波隆納（Bologna）地方的一位數學教授「飛了」（dal Ferro）解出了

$$x^3 + mx = n$$

型態的三次方程。他並沒有馬上發表他的方法，因為依照中世

紀的風尚，任何發現都秘而不宣，而保留起來準備向對手挑戰或等待懸賞以領取獎金（我們現在來看，他這領獎金的夢想，果真如同煮熟的鴨子——飛了）。大約在 1510 年，他還是私下將解法告訴他的朋友 Fior 以及他的女婿「對他奈何」（dellaNave）。1535 年，Fior 提出三十個方程式向布雷沙（Brescia）市的一位叫「大舌頭」（Tartaglia）[3]的數學家挑戰，其中包含 $x^3+mx=n$ 型態的方程式。「大舌頭」全部解出來了，並且宣稱他也能解出

$$x^3+mx^2=n$$

型態的三次方程。1539 年，一位當時知名的數學家卡當（Cardan）力促「大舌頭」透露他的方法，在卡當答應守密的保證之下，「大舌頭」勉強告訴他一個晦澀的口訣。1542 年卡當及其學生「肥了你」（Ferrari）在一次會晤「對他奈何」的場合，認定「飛了」的

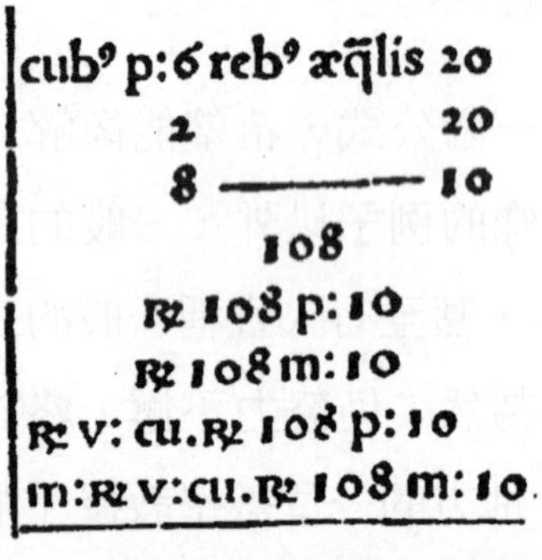
cub⁹ p:6 reb⁹ æq̃lis 20
2 20
8 ——— 10
108
℞ 108 p:10
℞ 108 m:10
℞ V: cu.℞ 108 p:10
m:℞ V:cu.℞ 108 m:10.

圖二：卡當在 Ars Magma 書中，舉實例說明他的解法。上方*cub*⁹ *p*:6*reb*⁹ aeqlis 20 用近代數學表法就是 $x^3+6x=20$。

3 Tartaglia 原名 Niccolo Fontana，幼年時臉部曾被法國士兵以軍刀劃傷，因受驚嚇而說話結結巴巴，從此就被稱為「大舌頭」（Tartaglia）而不名。他自己寫的書也以此署名。

解法和「大舌頭」的如出一轍，於
是卡當不顧自己當初的保證（誰又
能奈何他呢？），也沒有經過「大
舌頭」的允許，便將這個解法整理
發表在他的書 Ars Magna 裡面，這便
是一般所習稱的卡當公式的來歷。[4]

圖三：「大舌頭」的半身像。

三次方程的一般解

　　所謂「一般的」三次方程式，
便是形如

$$x^3 + bx^2 + cx + d = 0$$

的方程式，如果作 $y = x + \dfrac{b}{3}$ 的變數變換，則原方程式就變成

4　讀者也許會對「大舌頭」寄予無限的同情，然而「大舌頭」與卡當實在是一丘
　之貉。他曾「翻譯」一些阿基米得的論述，事實上是抄自三世紀前別人的作
　品。另外，他也曾把別人所發現的斜面上運動定律，宣稱是自己的創見。

(1)$y^3 + py + q = 0$

因此只要考慮這種型態的三次方程就夠了。卡當最初發表時是用 $x^3 + 6x = 20$ 這個例子來說明他的解法,在此,我們不妨考慮較一般的

(2)$x^3 + mx = n$

其中 m 與 n 為正數。卡當引進兩個新變數 t 和 u,而令

$$t - u = n$$

$$tu = (m/3)^3$$

消去其中一個變數,再解所得之二次方程式,得到

$$t = \sqrt{\frac{n^2}{4} + \frac{m^3}{27}} + \frac{n}{2}$$

$$u = \sqrt{\frac{n^2}{4} + \frac{m^3}{27}} - \frac{n}{2}$$

卡當用幾何的方法證明

$$x = \sqrt[3]{t} - \sqrt[3]{u}$$

為(2)式之一個根，這可能與「大舌頭」得的根相同。

　　僅管當時已經是十六世紀，負數的觀念仍然受到歐洲人的排斥。所以，卡當（或許「大舌頭」也一樣）又解了

$$x^3 = mx + n \text{ 和 } x^3 + n = mx$$

兩種型態的三次方程。雖然卡當也把負數稱為「幻數」，在他的書中負根和正根倒是兼容並蓄。不過，卡當對於虛根卻忽略不計，他管這種導致虛根的方程式叫「錯誤」的問題。我們知道一個三次方程有三個根，所以，卡當的討論並不完備，直到兩個世紀後的 1732 年，才由歐拉（Euler）彌補完全。歐拉強調一個三次方程式永遠有三個根，並且指出如何得到這些根：若 ω 和 ω^2 表 1 的兩個立方虛根，也就是

$$x^2 + x + 1 = 0$$

的兩個根則 t 和 u 的三方根分別為 $\sqrt[3]{t}, \sqrt[3]{tw}, \sqrt[3]{tw^2}$ 和 $\sqrt[3]{u}, \sqrt[3]{uw},$ $\sqrt[3]{uw^2}$ 如此，則

$$x_1 = \sqrt[3]{t} - \sqrt[3]{u}$$
$$x_2 = \sqrt[3]{t\omega} - \sqrt[3]{u\omega^2}$$
$$x_3 = \sqrt[3]{t\omega^2} - \sqrt[3]{u\omega}$$

即為(2)式之三個根。同樣的道理，(1)式的三個根是

$$y_1 = \sqrt[3]{-\frac{q}{2} + \sqrt{D}} + \sqrt[3]{-\frac{q}{2} + \sqrt{D}}$$

$$y_2 = \omega \sqrt[3]{-\frac{q}{2} + \sqrt{D}} + \omega \sqrt[3]{-\frac{q}{2} + \sqrt{D}}$$

$$y_2 = \omega \sqrt[3]{-\frac{q}{2} + \sqrt{D}} + \omega \sqrt[3]{-\frac{q}{2} + \sqrt{D}}$$

在這裡 $D = \frac{q^s}{4} + \frac{p^3}{27}$ 是三次方程(1)的判別式。看到這樣美妙的式子，我們無法不讚嘆和欽敬發現者的聰穎。

四次易解五次費思量

三次方程解出之後，緊接著四次方程的問題也在 1545 年被「肥了你」解決了。他的解法也發表在卡當的書中，和卡當公式屬於同樣的性質，但複雜得多。「肥了你」的方法是引進一個新變數，以期使原來的四次方程經過配方後可分解成兩個二次式的乘積。因為所引進的新變數滿足一個三次方程，可由卡當公式解出，從而原方程式便很快可以解出來了。

在「大舌頭」、卡當和「肥了你」解決了三次和四次方程之後，大家注意力的焦點很自然地便落在五次方程了。數學家們都樂

觀地認為，在短時間內應該可以發現五次和更高次方程的「一般解」了。我們先來澄清一下，什麼叫做一個 n 次方程的一般解呢？根據解二次和三次方程的經驗，我們了解，n 次方程的一般解，應該是一組計算公式，可以用來把該方程式的 n 個根，表為其係數的函數。還有，公式裡只能用到四則運算（加、減、乘、除）和開方。雖然在五次方程一般解的尋求上投下了不少心血，誰知兩個世紀過去了，依舊沒有任何真正的進展。

第一個真正的突破，要歸功於十八世紀末兼具法、義血統的拉格朗日（Lagrange）了。他提出一種統一的解法，把已知的四次以下方程式的一般解，納入單一的法則。他的想法，是把解一個給定的方程式的問題，轉化成解另外一個補助的方程式，也就是所謂的預解式。拉氏的方法的確適用於一般的二次、三次以及四次的方程式。當原來的方程式次數不超過四的時候，預解式的次數是低於原式的次數。不幸的是，碰到五次方程的情形，拉氏的方法就行不通了，因為照他的方法所求到的預解式卻是六次的！

累積經驗啟後人

拉氏的方法之未能解出五次方程，暗示著一個令人驚異的可能性：莫非五次方程的一般解根本就不存在？拉氏自己就這麼想過：

五次方程如此難解，要嘛就是這個問題超過了人類能力的極限，不然便是公式的性質必須跟已知的形式不一樣。1801 年高思（Gauss）也宣稱這個問題不可解，事後證實的確如此。僅管拉氏本人沒能解決這個問題，他也功不可沒，因為日後挪威的阿貝爾（Abel）和法國的葛羅瓦（Galois）都是從他的方法中，看出何以四次以下能解，高次的就不行。他的想法是這樣的：若$x_1, x_2, \cdots, x_n$為方程式 $x^n + a_1 x^{n-1} + \cdots + a_n = 0$的 n 個根，

$$則 a_1 = -(x_1 + x_2 + \cdots + x_n)$$
$$a_2 = x_1 x_2 + x_1 x_3 + \cdots x_{n-1} x_n$$
$$\vdots$$
$$a_n = (-1)^n x_1 x_2 \cdots \cdots x_n$$

拉氏注意到即使 $x_1, x_2, \cdots\cdots, x_n$ 經過重新排列，這些係數$a_1, a_2,$ $\cdots\cdots, a_n$依舊不變。換句話說，這些係數是 $x_1, x_2, \cdots\cdots, x_n$ 諸根的對稱函數。這個心得便是拉氏方法的核心，同時也啟發了阿貝爾和葛羅瓦用排列來解決方程式的問題。

在 1799 到 1813 年的十多年間，拉氏的一位學生魯菲尼（Ruffini）一直想證明出：超過四次以上的一般方程不能用根式的方法解得，也就是說不能用四則運算和開方來表示它的根。1813 年魯氏證

明，當原方程的次數大於或等於 5 的時候，其預解式次數不會低於
5。然後他就很自信地「以為」證明了超過四次的一般方程不可能有
根式解。事實上，魯氏的努力並不算成功，因為在他那自以為是的
證明裡，有個不小的漏洞，一直到 1876 年他本人才彌補起來。

　　阿貝爾是第一位充分證明五次以上的一般方程不能用根式解的
人。與阿貝爾差不多同一時期的葛羅瓦，更從排列群的一些性質，
建立了一套完整的理論，來判定什麼樣的方程式才能用根式解。巧
合的是，阿氏和葛氏都像流星一樣，光芒一現，就迅速地離開人
間。阿氏活了二十七年（1802～1829 年），而葛氏只有二十一年
（1811～1832 年）。更有甚者，他們這些劃時代的重要發現，在他
們生前都沒有受到應有的重視。

有解無解耐尋味

　　阿氏讀過拉氏和高思有關方程式論的論述。他在中學時代就想
學高思處理二項式方程的方法，去研究高次方程的可解性。最初阿
氏以為他解出了一般的五次方程，不過他很快地就發現其中的謬
誤，因此在 1824 到 1826 年這段時間，試著證明解的不可能性。首先
他證明了這樣的定理：如果一個方程式可以用根式解，那麼在根的
公式裡出現的每個根式，都應該可以表成諸根和1的某些方根之有理

函數。這個結果正是魯氏用過但並未證明的補助定理——僅管阿氏並沒有見過他的論述。阿氏的證明相當複雜，而且繞圈子，甚至還有錯誤，不過幸虧並不影響大局。他終於證出了這樣的定理：如果僅允許四則運算和開方，那麼要想得到五次或更高次方程根的一般公式是不可能的。在此，我們必須強調一點，阿貝爾定理是需要一個很不尋常的證明的！因為，要驗證一個既有的公式，是否為一個給定的方程式之解，那是相當容易的事；但是要證明「任何」公式都不對，則完全是另一回事！

雖然一般的高次方程不能用根式解，但仍然有不少特殊型態的方程式可用根式解。譬如二項式方程式

$$x^p = a \ (p \text{ 為質數})$$

就是一個例子。另外，阿氏自己也曾找到了一些。於是接著的工作便是決定何種方程式可以用根式解。這個工作，剛由阿貝爾開始，葛羅瓦就把它結束了。1831 年葛氏找到了判別一個方程式是否可用根式解的充要條件。令人驚異的是，根據他的定理，居然有些整係數的五次方程，譬如

$$x^5 - 4x + 2 = 0$$

這個看來相貌平凡的方程式，它的根竟然無法用加、減、乘、除和開方來表示！

天才橫溢世未識

神童葛羅瓦十五歲就開始研究數學。他曾很認真而仔細地研究過拉格朗日、高思、阿貝爾和歌西（Cauchy）等人的論述。1829 年他寄了兩篇有關解方程式的論文給法國科學院。這兩篇交給歌西後，被遺失了。1830 年正月，他把他的研究成果，謹慎地寫成另一篇論文，再呈給科學院。這次送給傅立葉（Fourier），但是沒多久，傅氏去世，論文也丟了。在布阿松（Poisson）的建議下，他在1831 年又寫了一篇新的論文，題目是〈論方程式可用根式解的條件〉。這是他唯一完成的方程式論的論文，卻被布氏以「無法理解」為由退還給他，並建議他將內容寫得充實些。這位天才橫溢的青年，最後在將滿二十一歲之前的一場決鬥中喪生。在去世的前夕，他匆忙記下自己的研究成果，託付給他的一個朋友。葛羅瓦那些燦爛輝煌的意念，簡直是不可思議地超越了他那個時代，以致於未能為當時的人所賞識。[5]一直到他死後數十年，他那卓越的貢獻才

---

5 葛羅瓦的求學過程一直坎坷不平，或許這也是他不受重視的原因之一。他曾兩度投考當時最好的巴黎工藝學院，結果都名落孫山。後來他進了較差的學校，卻因在大革命時期，抨擊該校校長，而遭校方開除。

開始受到注意。我們無法以粗淺的語言把葛氏的結果精確地告訴你。不過，我們不妨從實例中去體會葛氏的想法。

葛羅瓦群見分曉

考慮一個以$x_1, x_2, \cdots, x_n$為根的 n 次方程式

$$x^n + a_1 x^{n-1} + \cdots + a_n = 0$$

在這裡，我們依照某一個固定的次序，來標示這些根。這些根的某一個「排列」，便是將$x_1, x_2, \cdots, x_n$重新排成 $x_{i_1}, x_{i_2}, \cdots, x_{i_n}$ 的某一種方法。這裡的 $i_1, i_2, \cdots, i_n$，其實還是 $1, 2, \cdots, n$ 這 n 個數，每個出現一次，次序變更而已。為了方便起見，通常把一個排列想成「x_1換成x_{i_1}，x_2 換成 x_{i_2}，$\cdots$」。因此，習慣上把一個排列記成

$$\begin{pmatrix} 1 & \cdots\cdots & n \\ i_1 & \cdots\cdots & i_n \end{pmatrix}$$

這個記號表示將 x_j 換成 xi_j，（$1 \leq j \leq n$）。$x_1, x_2, \cdots, x_n$ 的所有排列全體就記為 S_n。

葛氏的基本構想是這樣的：對任一多項式

(3)$x^n + a_1 x^{n-1} + \cdots + a_n$

我們在 S_n 中找出一組排列跟它相應，這些排列由$a_1,\cdots,a_n$這些係數來決定。這一組特定的排列，構成一種代數系統，即所謂的「群」。這個群我們把它稱為上列多項式(3)的「葛羅瓦群」。我們不打算在這裡改變話題，去明確定義群的觀念。不過我們可以大致說明一下葛羅瓦群是怎樣得到的：雖然 $x_1, x_2, \cdots, x_n$，這 n 個根總共有 $n!$ 種排列，但是葛羅瓦群裡的排列，卻必須保持諸根之間的一切關係。譬如說，方程式

(4)$x^4 - x^2 - 2 = 0$

有四個根：$x_1 = \sqrt{2}, x_2 = -\sqrt{2}, x_3 = i, x_4 = -i$。在所有的二十四種排列中，只有下列四種排列能保持 $x_1^2 = x_2^2$ 和 $x_3^2 = x_4^2$ 這兩個關係：

(5)$\begin{pmatrix} 1 & 2 & 3 & 4 \\ 1 & 2 & 3 & 4 \end{pmatrix}, \begin{pmatrix} 1 & 2 & 3 & 4 \\ 1 & 2 & 4 & 3 \end{pmatrix}$

$\begin{pmatrix} 1 & 2 & 3 & 4 \\ 2 & 1 & 3 & 4 \end{pmatrix}, \begin{pmatrix} 1 & 2 & 3 & 4 \\ 2 & 1 & 4 & 3 \end{pmatrix}$

其他的排列，譬如

$$\begin{pmatrix} 1 & 2 & 3 & 4 \\ 3 & 2 & 1 & 4 \end{pmatrix}$$

把 $x_1{}^2 = x_2{}^2$ 變成 $x_3{}^2 = x_2{}^2$，也就是說 $(i)^2 = (-\sqrt{2})^2$，這當然不對。事實上，我們可以進一步證明上述的四種排列保持著「一切」的關係。(4)式的葛羅瓦群便由(5)式這四種排列所組成。

　　一個多項式的代數性質，可以從它的葛羅瓦群反映出來。例如，一個多項方程式，其可解性便可轉化成其葛羅瓦群的某種非常簡單的性質。事實上，當一個給定的方程式可以用根式解的時候，我們可以利用其葛羅瓦群的性質，依照一個固定的步驟，把它的根真正地用根式表示出來。而且，當這個步驟行不通的時候，一定就是這個方程式不能用根式解。照這個辦法，我們可以得到阿貝爾的定理和四次以下方程式的解答公式。

　　附帶值得一提的是，阿貝爾和葛羅瓦在研究解方程式的過程中引進了代數學的另一重要觀念：和差積商都在集合內的一數集稱為體，如有理數全體或由一方程式所有的根和有理數全體經加減乘除所衍生出來的數體都是。

（1979 年 4 月號）

代數學的故事（下）

◎—李白飛

編者按：〈代數學的故事〉一文的重點在於探討近代代數學的來源，所以談古代代數學的發展時，只能限於西方世界。中國古代代數學也有些發展，但與本文主旨無關，所以並未列入。有關中國古代代數學的發展，請參閱《科月》1 卷 1 期〈韓信點兵〉，2 卷 3 期、4 期〈中國數學史〉，5 卷 10 期〈楊輝三角與開方〉，及 8 卷 8 期〈從古法七乘方圖出發〉等文章。

代數滋潤了幾何

解多項方程式所得的經驗，從歷史的觀點而言，可算是當代代數學的一塊基石。它引導了數學家們開始研究群論。雖然拉格朗日、阿貝爾和葛羅瓦也曾先後發現了一些排列的基本性質，但是第一位對排列群作詳盡研究的，則是法國的大數學家歌西（Cauchy）。1849 年歌西把他的研究成果發表在一系列的研究報告中。他雖然只討論排列群，卻是第一個提出群的觀念的人。至於群的抽象定義，則是在 1853 年才由英國的凱利（Cayley）提出來的。群的引

進和方程式論的重大成就,在十九世紀初期,對於數學上許多領域的進展都有深遠的影響。其中最顯著的便是幾何學。代數學對於幾何學的影響甚多,我們這裡僅舉尺規作圖、非歐幾何、代數曲線三個例子來說明。

有心栽花花不發

首先談尺規作圖的問題。古希臘的幾何學家們,對於用直尺和圓規來作幾何圖形的問題頗感興趣,而且在歐幾里德的時代,就已經知道許多這樣的作圖法。譬如說,希臘人知道如何二等分一個線段,二等分一個角,作一直線垂直於一已知直線,以及作一個正五邊形等。然而,有三個似乎很基本的作圖題,希臘人始終無法解決。

一、三等分角問題——作一個角等於一個已知角的三分之一。當幾何學家們知道怎樣去二等分任意角之後,他們立刻就想到是否任意角也同樣可以三等分。他們單單用直尺和圓規,僅能求到一些不錯的近似解而已。如果尺上有刻度,或者尺規再加上一條拋物線或各種其他的組合,他們便能辦到;但是光用直尺和圓規來做精確的三等分角,則一籌莫展。

二、倍立方問題——傳說中,這問題的來源,可追溯到西元前429 年,一場瘟疫襲擊了雅典,造成四分之一的人口死亡。市民們推

了一些代表去 Delos 地方請示阿波羅的旨意。神指示說，要想遏止瘟疫，得將阿波羅神殿中那正立方的祭壇加大一倍。人們便把每邊增長一倍，結果體積當然就變成了八倍，然而瘟疫依舊蔓延。於是他們想到，或許神諭是要把祭壇的體積增大一倍，也就是說每邊增至原來邊長的 $\sqrt[3]{2}$ 倍。這個倍立方問題，等於是要用直尺和圓規作一已知線段的 $\sqrt[3]{2}$ 倍長。結局很有意思，不知道到底是阿波羅覺得近似值就可以了，還是默許了雅典人用有刻度的尺，反正瘟疫就停止了。

三、方圓問題——據說哲學家 Anaxagoras 在監牢時想出這樣的問題：用直尺和圓規作一個正方形，使其面積等於一個已知圓的面積。換句話說，這等於是要用尺規作出一已知線段的 $\sqrt{\pi}$ 倍長。

隨著時代演進，這些問題的名聲與日俱增，希臘數學先賢並沒有因為知道 $\sqrt[3]{2}$ 近似 1.259 就把問題拋諸腦後，仍然鍥而不捨地思考和研究。我們不由得要對他們的好奇心，致以最高的敬意。除了三大作圖題以外，還有一個有名的問題，乃是用尺規來作正多邊形。在歐幾里德時代，希臘人所知可以作圖的正 n 邊形，包括 $n = 2^k$, 3×2^k, 5×2^k, 15×2^k 的情形。

其後兩千年間，一直沒再發現過新的正多邊形之作圖法。而且幾何學家們也幾乎一致默認，再也不會有別的正多邊形可以用尺規來作圖了。

無心插柳柳成蔭

1796 年，德國的天才數學家，當年才十九歲的高思證明了正十七邊形可以用尺規作圖。[6] 1826 年，他更進一步地宣稱，一個正 n 邊形可以作圖的充要條件，就是

$$n = 2^k P_1 P_2 \cdots P_r，其中 k \geq 0$$

而 $P_1, P_2 \cdots \cdots, P_r$ 分別為形如 $2^{2^m} + 1$，而彼此互異的質數。說得更明白些，每個 P_i 必須是 3,5,17,257,65537 等質數之一（$2^{2^m}+1$ 不一定都是質數）。高思的論述中，確實證明了這個條件的充分性，然而，必要性並不明顯，高思也沒有證明。1837 年，汪徹（Wantzel）

6　作正 17 邊形，等於作一個 $\frac{2\pi}{17}$ 的角，其方法如下：在一個半徑為 1 的圓 O 中作彼此正交的二直徑 AB, CD，過 A 與 D 分別作切線交於 S。在 AS 上取一點 E 使 $AE = \frac{1}{4}AS$。以 E 為圓心，OE 為半徑，畫弧交 AS 於 F 與 F' 兩點。再以 F 為圓心，OF 為半徑，畫弧交 AS 於 H（H 在 FF' 線段外）；又以 F' 為圓心，OF' 為半徑，畫弧交 AS 於 H'（H' 在 FF' 線段上）。自 H 作一線與 AO 平行，而交 OC 於 T。延長 HT 至 Q，使 $TQ = AH'$。以 BQ 為直徑，作圓交 CT 於 M。作 OM 之中垂線，交圓 O 於 P，則 $\angle POC$ 即所求之角。其證明因涉及繁複之計算，茲從略。

證明了高思條件的必要性，此外他還證明了三等分任意角和倍立方的不可能性。至於方圓問題則是 1882 年才由林德曼（Lindemann）證明為不可能。就這樣，三個古典的難題都在十九世紀解決了。值得注意的是，這些古典難題之不可能性，其證明所用的是代數的觀念（如體等），而不是幾何的方法。[7] 更讓人驚訝的是，這些有關的代數觀念，係來自當年解方程式的經驗和葛羅瓦的研究成果。

幾何目標的統一

代數學對十九世紀幾何學的另一影響，牽涉到幾何學的根本。十九世紀是幾何學蓬勃發展的一個時代。這個時代裡最令人矚目的現象，是出現了許多種「非歐幾何系統」，每一種新的幾何系統都滿足歐幾里德幾何裡平行公理以外的所有公理（所謂平行公理是說：過直線外一點有唯一的直線與之平行）。第一種這樣的幾何系

7　三大幾何作圖，其實就是作一線段，使其長度分別等於一已知線段之 $\cos \alpha$, $\sqrt[3]{2}$ 和 $\sqrt{\pi}$ 倍，其中 α 為已知角。根據體論的分析，如果一已知線段之 a 倍長可以作圖的話，則 a 必須滿足一個次數為 2^n，不可約之有理多項式。例如 $\sqrt[3]{2}$ 滿足 x^3-2 這個不可約多項式，但次數為 3，因此倍立方為不可能。同理，$\cos 20°$ 滿足 $x^3-\dfrac{3}{4}x-\dfrac{1}{8}=0$，故三等分 $60°$ 亦不可能。另外，π 為一超越數（也就是說，π 無法滿足任何非零的有理係數多項式），因此 $\sqrt{\pi}$ 亦然，所以方圓也同樣地不可能。

圖四：「什麼歐氏幾何，非歐幾
何，還不都是射影幾何！」──
克萊因（Klein,1849～1925）

統才被發現，緊接著更多種便像雨後春筍般地紛紛出現。於是在十九世紀中葉，引起了這樣的困惑：幾何學到底是什麼？十九世紀末，克萊因（Klein）提出一種構想，用群的觀念來統一這些不同的幾何。克氏的這個概念，便是現在習稱的「Erlangen 規劃」。[8]雖然我們知道，當初群的觀念之產生，本是為了另一個完全不同的目的。沒想到對非歐幾何有這樣的助益。

代數幾何之發勒

在十九世紀，代數與幾何之間的第三個接觸點，便是代數曲線的理論。德國數學家黎曼（Riemann）一些輝煌的構想，為這個理論注入了很大的動力。概略地說，一條代數曲線便是滿足。

8 通常人們習於「真理只有一個」的觀念，不免對於各種幾何系統中，所呈現的不一致性感到困惑。1872 年克氏應聘為 Erlangen 大學教授，在演說中他提出以「變換群」來描述幾何的概念。他認為幾何學的目標，是在討論變換群下的不變量。不同的變換群，便導致不同的幾何學。

⑹ $y^n + a_1(x)y^{n-1} + a_2(x)y^{n-2} + \cdots + a_n(x) = 0$

的全體複數序對(x, y)之集合。在這裡 $a_1(x), a_2(x), \cdots, a_n(x)$ 都是複係數的多項式。例如：

$$x^2 + y^2 = 1, xy = 1, x^3 = y^2 + y^3 + xy$$

等方程式的解集合便都是代數曲線。一般人可能習慣把代數曲線想成⑹式型態方程式之實數解集合，其實，若考慮複數

圖五：「閣下在大一所學到的積分，正是在下定義的。」——黎曼（Riemann, 1826～1866）

解，則可避免沒有實數點的曲線之尷尬情形。例如，$x^2 + y^2 = -1$ 這個方程式就沒有實數解，但是卻有很多的複數解，譬如 (i, o)，(o, i) 等都是。黎曼將代數曲線的許多幾何性質，用純代數的語言來表達，這樣便可將代數的工具用來解決幾何上的問題。從黎曼的研究成果，發展出了一門「代數幾何學」，這是當今數學中相當受重視的一個領域。在上世紀的整個世紀裡，代數學的發展與代數幾何學的發展可說是齊頭並進。代數的成果，推動了幾何的研究，反之亦然。

數論同蒙其利

　　幾何學並非十九世紀中，唯一與代數交流而豐收的一門數學，數論是另外一個受益的園地。簡單地說，數論是在研究 0, ±1, ±2, ±3, ……這些整數的性質。數論是數學中最古老的一門，但是卻歷久而彌新。多少世紀以來，一直是其他各門數學中無盡的新觀念之泉源。當然，我們不可能一一列舉所有因考慮數論問題而產生的代數觀念，不妨就看一看大家不太陌生的「費瑪最後定理」這個例子吧！

　　在平面幾何的教科書上，我們常常見到邊長為整數的直角三角形，尤其以勾、股、弦分別為 $3, 4, 5$ 的三角形最為常見。根據商高定理（即畢氏定理），如果直角三角形的兩股長為 x 和 y，斜邊長為 z，則

(7) $x^2 + y^2 = z^2$

　　假使我們想要找出邊長為整數的所有直角三角形，那就等於要找出(7)式的所有正整數解，也就是說 x、y、z 都是正整數的解。我們可以證明，(7)式所有的整數解是

$$x = c(a^2 - b^2)$$

$$y = 2abc$$
$$z = c(a^2 + b^2)$$

我們可以很容易地驗算，對所有的整數 a、b、c，上式恆為(7)式的解。

數論中興的功臣——費瑪

求多項方程之整數解（又稱為不定方程式，也叫做戴奧方特方程式）的問題，要回溯到西元三世紀的時代。戴奧方特（Diophantus）是亞歷山大港的一位數學家，他是第一位對不定方程作深入研究的人。例如，$3x + 5y = 1$ 就是一個不定方程。不過，這個方程式並不難解，而且也不具代表性。通常，不定方程多半很難解。一個不定方程可能無解，可能只有有限組解，也可能有無限多組解。(7)式是屬於最後一種的。至於

$x^2 + y^2 = 2$ 就只有

$(x, y) = (1,1),(1,-1),(-1,1),(-1,-1)$ 四組解，

而 $x^2 + y^2 = 3$ 根本就無解。

由於不定方程所呈現的挑戰性，多少世紀以來一直吸引著許多

圖六:「信不信由你!$x^{1979} + y^{1979} = z^{1979}$ 沒有正整數解。」──費瑪(Fermat, 1601～1665)

數學愛好者,十七世紀法國的費瑪(Fermat)便是其中之一。費瑪是一位律師,數學雖只是他業餘的嗜好,可是他在數論、微積分、解析幾何和或然率各方面的貢獻卻都是第一流的。他很少發表論文,其研究成果大都寫在給朋友的信上。他曾細心地研究戴奧方特的論述,經常在他那本戴氏的書上加註或眉批。他有許多數論上的結果,就記在該書的空白處,儘管多半沒有證明,不過他的結果差不多都對。唯一的錯誤,便是他以為所有形如 $2^{2^m} + 1$ 的數都是質數(編者按:請參閱《科學月刊》1979 年 1 月號「頭五千萬個質數」及 3 月號「益智益囊集」)。另一個有問題的批註便是下面要說的「費瑪最後定理」。

奇案久懸難斷

費瑪在戴氏書上討論(7)式的那一頁這樣宣稱:若 $n > 2$,則 $x^n + y^n = z^n$ 沒有非零的整數解。還有,他說他「發現了一個真正神妙的證明,可惜頁邊空白太窄寫不下」。費瑪的這個敘述,後來被

稱為「費瑪最後定理」，至於費瑪本人是否正確地證明過，則不無疑問。事實上，僅管費瑪以來這三個多世紀，數學的進展一日千里，然而截至目前，費瑪最後定理仍未能證明，而成為數學上最有名的懸案之一。為證明這個定理所作的嘗試，產生了更美麗、更重要的數學，近代的「代數數論」、「環論」等就是在這種努力下的智慧結晶。

雖然費瑪最後定理的正確性，至今仍然懸而未決，但是對於一些特殊的 n 則已獲得證明。費瑪本人就曾證明過 $n = 4$ 的情形。其實，要證明費瑪最後定理，只要考慮 $n = 4$ 和 n 為奇質數的情形就夠。我們撇開 $n = 4$ 的情形，光說

$$(8)\, x^p + y^p = z^p$$

其中 p 為奇質數的情形。1835 年德國的庫瑪（Kummer）是第一個有系統地處理(8)式的人。若

$$\zeta_p = \cos(2\pi/p) + i\sin(2\pi/p)$$

庫瑪把形如

$$a_0 + a_1\zeta_p + \cdots + a_r\zeta_p{}^r$$

的複數稱為一個「p 分圓整數」，這裡的 $a_0, a_1, \cdots, a_r$ 都是一般的整數。庫瑪考慮這種「p 分圓整數」的理由，是因為

$$x^p + y^p = (x + y)(x + y\zeta_p)\cdots(x + y\zeta_p{}^{p-1})$$

可以完全分解成「p 分圓整數」的乘積。他的構想是由此分解證明(8)式沒有非零的「p 分圓整數」解，從而證明費瑪的定理。

庫瑪的老師狄瑞西利（Dirichlet）向他指出證明中的一個錯誤，那就是，一般整數均可表為質數的乘積，且表法唯一，但「p 分圓整數」就不見得如此。庫瑪便仔細研究因式分解的唯一性，發現確實只有對某些特殊的質數 p 才成立。因此，他那關於費瑪最後定理的證明，只能算是對了一小部分。這該歸咎於他那疏忽的假定。然而，對數學本身而言，這是一次多麼幸運的疏忽啊！因為庫瑪為了彌補因式分解不一定唯一的缺憾，他創造了「理想數」的概念。[9] 庫

9　我們用一個例子來說明理想數的概念。大家都知道，在正整數系中，質因數的分解確實唯一。然而，如果我們只考慮 1,8,15,22,… 等這些除以 7 餘 1 的正整數所成的數系，則因數分解的唯一性便不再成立了。例如：792 ＝ 22×36 ＝ 8×99，而 22,36,8,99 四個數都不能再分解。當然，我們知道 792 ＝ 2×4×9×11，而 22 ＝ 2×11,36 ＝ 4×9,8 ＝ 2×4,99 ＝ 9×11，只不過 2,4,9,11 四個數並不在這個數系裡面。然而，在正整數系中，2 ＝（22,8）,4 ＝（36,8）,9 ＝（36,99）,11 ＝（22,99）。也就是說，這些數雖在此數系外，卻與系中的數有密切的關係。這些數便是該數系的「理想數」。原來的數系，如果加上這些理想數，因數分解就變成唯一了。

瑪對於理想數的深入研究，便是近代環論的肇始。

飲水思源莫忘本

　　以上所說的只是代數學的源流和其影響的一部分例子。為了避免引用一些專有的符號、定義和更深入的知識，事實上，我們也僅能這樣大致地介紹。我們很抱歉，沒能把今日代數學的面貌告訴你。不過我們希望能澄清一點，今日的代數學並不是無中生有，從天而降的，它自有其歷史淵源；抽象化和公理化的處理，並不是無謂的符號遊戲，而是為了要提煉和整理一些具體的成果，以期能應用於更廣的領域，這是我們所要特別強調的。

（1979 年 5 月號）

參考資料：

1. Goldstein Abstract Algebra, Prentice Hall 1973.
2. Kline Mathmatical Thoughts from Ancient to Modern Times, Oxford 1972.
3. Shapiro Introduction to Abstract Algebra, McGraw-Hill 1975.

來自花剌子模的人

◎─朱建正

曾任教於臺灣大學數學系，曾任「科學月刊」編輯委員

【摘要】克努斯（D.E.Knuth）是史坦福大學計算機科學系的教授。他多才多藝，小時候就是個天才。數學圈（凡異出版社）第九、十期登有他的專訪，非常生動有趣。克努斯說有些人做計算機科學較好，有些人做數學較好；不過克努斯說他自己是雙棲的，這可以從一篇〈現代數學及電腦科學中的算則〉的文章中看出來。原文是 1980 年，他在烏茲別克舉行的學術討論會上的論文。原文除了開頭一段討論計算機科學的稱呼之外，大致分成兩個部分：第一部分談阿爾花剌子模這個人，第二部分才和原文的題目相當；因此我們也分成兩部分刊出。

……算則的概念涵蓋所有意義明確的過程的處理……

長久以來，我一直覺得計算機科學主要是算則的研究。我的同事並不完全同意我的看法；其實我們意見不同的地方，是我對算則的定義比他們的要廣泛得多：我認為算則的概念涵蓋所有有關意義明確的過程的處理，包括操作的資料結構，以及一連串執行中的運算結構。然而有些人認為算則只是特殊問題的各種解法，類似數學

的各個定理。

在美國，我們所做的事叫做計算機科學，強調算則是由機器來執行的。但是在德國或法國，這一門叫做 Informatik 或 Informatique（資訊學），強調算法處理的東西甚於過程本身。蘇俄人叫做 Kibernetike（即 Cybernetics），強調過程的控制，或叫做 Priklanafa Matematika（應用數學），強調它的實用性以及它和數學的關係。我猜想我們的學科的名字不太重要，因為不管它叫做什麼，我們都會研究下去。畢竟，其他學科如數學或化學不再和它們名字的起源有非常緊要的關係。但是如果我有機會對這門學問的名稱再做一次選擇，我會叫它做 algorithmics，一個十六年前由特勞布（J. F. Traub）造出的名字。

自從我知道 algorithm 源自花剌子模人 al-Khwârîzmi（阿爾・花剌子模；在本文中，為簡便之故，稱為阿爾花）以後，多年來我一直想到這兒來朝訪。他是第九世紀偉大的科學家，他名字的意思是「來自花剌子模的」。西班牙字 gurismo（十進位數）也源自於此。不像許多西方學者所想的，花剌子模不僅只是一個著名的城市（Khiva，在蘇俄的烏茲別克境內），而是一個（現在仍舊是）相當大的地區。事實上，有一段時期阿拉海（Aral Sea，在裡海之東）稱為花剌子模湖。七世紀，此一地區改宗回教時，文化相當發達，有

文字及曆法。按美國國會圖書館的目錄卡，阿爾花的活躍時期為西元 813 至 846 年。

「穆罕默德，Ja'far 的父親，摩西的兒子，花剌子模人」

　　有關阿爾花的生平所知甚少，他的阿拉伯全名可說是具體而微的自我介紹：Abu Ja'far Muhammad ibn Mûsâ al-Khwârizl，意思是「穆罕默德，Jafar 的父親，摩西的兒子，花剌子模人。」但是，名字不能證明他確是在那兒出生的，也許他的祖先是的。但我們確實知道他的科學工作是在巴格達做的。他是回教教主（caliph）阿馬妙（al-Ma'mûn）設立的「集賢館」中的科學家之一。阿馬妙承襲了那位天方夜譚中的教主，哈綸阿拉細德（Harûn al-Rashîd）的基礎，支持科學研究，邀請許多學者到他宮中，收集並擴充人間的智慧。歷史家 al-Tabari 把 al-Qutrubbullc 加到阿爾花的名字上，肯定了他和巴格達附近的 Qutrubbull 區域的關係。我個人猜測，阿爾花可能生於花剌子模，在被召到巴格達以後，即定居於 Qutrubbull；但真相可能永遠無法知曉。

　　阿爾花的工作對後世的巨大影響是無庸置疑的。根據 Fihrist，一本古代名人錄與書目，說：「他在世及死後，人們習於依賴他的數表。」他寫的好幾本書已經迭失，包括一本紀年體的歷史，及一些

日規與占星圖的研究。但是他編的世界地圖仍存，其中有城市、山脈、河流和海岸的座標，這是那個時候最完整、最正確的地圖。他也寫了一小本關於猶太曆的書。他編的很周詳的天文表被廣泛使用了數百年（當然，沒有十全十美的人：有些現代學者認為，以當時的水準而言，這些表還可以再改進）。

阿爾花的最重要著作差不多可以說是關於代數和算術的教科書。顯然這是第一本用阿拉伯文討論這些題材的書。他的代數書尤其著名；事實上，本書的阿拉伯文手稿至少還有三本留傳至今，而在 Fihrist 中提到的其他作者寫的書，99%則已消失。十二世紀時，阿爾花的代數至少兩次被譯成拉丁文，這說明歐洲人的代數是怎麼學來的。事實上，「algeber」是從這本書的一部分標題得來的。原書的標題為 Kitâb al-jabr wa'l-muqâbala，意思是說「Aljabr 及 Almuqâbala 的書」。史家對此標題的適當翻譯的意見不一。我個人以為，根據我對內容的了解與早期拉丁文譯詞 restaurationis et oppositionis 的比照，加上 muqabala 意指某種面對面而立的事實，阿爾花的代數書應該稱為「還原及相等的書」（restoring and equating）。

阿爾花成功的原因在於他給出了數學中「最簡單而最有用的」成分

再仔細看他的代數書我們就可以了解阿爾花成功的原因了。此

書的目的不在總括這個科目的所有知識，而在給出「最簡單而最有用的」成分，即最常用的數學。他發現以前巴比倫和希臘數學所用的複雜的幾何技巧，都可以用比較簡單而更有系統的代數方法代替。因此這個科目變得更容易學好。他解釋如何把所有的二次方程式化成 $x^2 + bx = c$，$x^2 = bx + c$，$x^2 + c = bx$ 三者之一，其中 b，c 為正數；請注意：他把二次項的係數除去了。如果他懂得負數的話，他一定樂於更進一步把三式併做一式。

我提到教主要求他屬下的科學家把其他地方的科學知識都用阿拉伯文寫下來。雖然我不知道在這以前有沒有像阿爾花這麼漂亮的二次方程式的處理方法，但是他的代數書的第二部分（處理幾何度量的問題）可是完全根據一本叫做 Mishnat ha-Middot 的有趣的書。據 Soloman Gandz 考證，這是一個猶太祭師 Nehemiah 在西元 150 年左右編的 Mishnat 和 Algebra 的差異有助於了解阿爾花的方法。例如，當希伯來文本說圓周長等於 $3\frac{1}{7}$ 乘以直徑時，阿爾花說這只是一個公認的近似值，而非已證的事實；他說也可用 $\sqrt{10}$ 或 $\frac{62832}{20000}$ 來代替，而後者是「天文學家用的」。希伯來文本僅敘述畢氏定理，但是阿爾花加上了證明。也許最重要的改變在一般三角形面積的處理上。Mishnat 僅僅敘述了 Herron 的公式

$$\sqrt{s(s-a)(s-b)(s-c)}, s = \frac{1}{2}(a + b + c)$$

為周界之半，但是在 Algebra 書中則完全不同。阿爾花希望用較簡單的公式 $\frac{1}{2}$（底×高）來計算面積而其高可以由簡單的代數運算求得。從最長邊所對的頂點向此邊作垂線，分此邊為 x 及 $a-x$，則 $b^2-x^2 = c^2-(a-x)^2$，$b^2 = c^2-a^2 + 2ax$，故 $x = \frac{(a^2+ b^2-c^2)}{2a}$。因此高可以由 $\sqrt{b^2-x^2}$ 算得；如此就可以不必使用 Herron 的公式，而且由此反而很快就能導得這個公式。（註）

註 這個公式的導出也是 1984 年大學聯考乙丁組試題之一。就我所知，這樣做答的考生如鳳毛麟角。大部分都透過餘弦公式或半角公式，由 $\frac{1}{2}$ bc sin A 導出來。

$$\sqrt{b^2-x^2} = \sqrt{(b + x)(b-x)}$$
$$b + x = b + \frac{a^2+ b^2-c^2}{2a} = \frac{(a + b)^2-c^2}{2a}$$
$$= \frac{(a + b + c)(a + b-c)}{2a} = \frac{2s \cdot 2(s-c)}{2a}$$

同理得

$$b-x = \frac{2(s-b) \cdot 2(s-c)}{2a}$$

整理即得 Herron 公式。

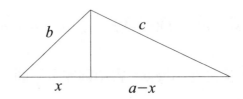

他的名字還可以加上「代數學之父」

除非有更早的文獻問世，證明阿爾花的代數方法係學自他人，上面的討論顯示我們有充分理由稱他為「代數學之父」。亦即他的名字還可以加上 abu-aljabr，以阿爾花為中心，代數學的發展可以大略表示如下圖：

我從蘇美利亞（巴比倫）引一條虛線過來，表示古代傳統也許曾經直接傳到巴格達，而沒有經過希臘人。保守的學者懷疑這條關係，但是我想他們太受到一種早已過時的歷史觀——希臘哲學家們是所有科學知識之源——的影響。當然，阿爾花從未超過一元二次方程式，但是他的確從幾何躍進到抽象的計算，而且他使這個科目

系統化，且簡單合理到可以做實際的運用。他不知道戴奧芳登（Diophantus）早先在數論上的工作，它更抽象而遠離現實，也因此更接近近世代數。我們很難比較阿爾花和戴奧芳登的高下，因為他們目的不同。希臘科學家的特殊貢獻是他們為學問而學問的態度。

阿爾花另一本關於印度算術的小書的原文本已經迭失。大概說來現存的只有一本不完整的十三世紀的抄本，它大概是十二世紀時從阿拉伯文譯成拉丁文的。原文本可能相當不同。用現代眼光來看這本拉丁文譯本是很有趣的，因為它基本上是關於如何用印度數字（十進位制）計算的書，但是它卻用羅馬數字來表示數！也許阿爾花的原稿也是類似的，即用阿拉伯文字字母來記數，一種取法自較早的希臘和希伯來的記數法，第一本這樣的書用老而熟悉的記號來敘述問題和解答是合理的。我猜想阿爾花的書出來後不久，新的記數法變得很通行，這樣還可以解釋為何他的原始本都消失的原因。

阿爾花算術書的拉丁文譯本上留有空白處，以便填入印度數字；譯本對此並沒有進一步說明，但是現在若要填補這些空白將不會有太大的問題。留下來的這一部分的手抄譯本從未被翻成英文或其他西方文字，雖然 1964 年有俄譯。不幸的是，在兩處發表這些拉丁文手稿的文獻中，其轉錄上的錯誤甚多。我覺得確有需要出英文版，以使更多讀者了解它的內容。書上給的十進位加減乘除的算則

——稱之為算則（algori-thum）可能不恰當，因為它省略許多細節，即使它是阿爾花本人寫的！——已經由 Iushkevich 和 Rosenfel'd 詳細研究過。它們不太適合作紙筆演算，因為需要做很多劃掉或擦掉的事；這些大概只是從用在某種算盤上的程序直接採用下來的；這算盤不是波斯的就是印度的。至於不用算盤而真正適合紙筆演算的方法，其發展似乎要歸功於兩世紀後大馬士革的 al-Uqlidisi。

有關阿爾花的更多細節可參考 G.J.Toomer 發表在 Dictionary of Scientific Biography（科學傳記辭典）的一篇優異的文章。這確實是有關穆罕默德摩西的兒子的最詳盡的記載。雖然我很詫異，為什麼沒有提到地區的傳統可以從巴比倫直接傳到阿拉伯時代這樣的可能性。

另一個花剌子模人

在結束之前，我想再提一個來自花剌子模的傑出人物，阿比倫尼（Abû Bayhân Muhammad ibn Ahmad al-Bîrûnî，973～1048 年）：哲學家、史家、旅行家、地理學家、語言學家、數學家、百科全書作者、天文學家、詩人、物理學家及計算機科學家，大約一百五十本書的作者。列入計算機科學家的原因是他對有效率的計算的興趣之故。例如，阿比倫尼指出如何計算 $1 + 2 + \cdots\cdots + 2^{63}$ 的和；此即在西洋棋盤的第一格放一粒麥子，第二格兩粒，第三格又增為兩倍

（四粒）等等，所有的麥粒總數。他用一個特別的技巧證明其和為 $(((16)^2)^2)^2-1$，然後給出 18,446,744,073,709,551,615 的答案（用了三種記數法：十進位、六十進位及一種奇怪的阿拉伯字母式的。）他又說這個數約等於 2305 個「mountain」（山），一個 mountain 等於 10,000 Wâdîs，一個 wadi 是 1,000 herds（群），一群是 10,000 loads，一 load 是 8 bidar，一個 bidar 是 10,000 麥子的單位。

（1985 年 1 月號）

數學界的諾貝爾獎

◎—康明昌

任教於臺灣大學數學系

諾貝爾獎為什麼沒有包括數學這一學門？對於這個問題有不少揣測。例如，有人說，諾貝爾（A. B. Nobel, 1833～1896年）與當時斯德哥爾摩大學的數學教授 M. G. Mittag-Leffler（1846年～1927年）有嫌隙，諾貝爾不想設個諾貝爾數學獎的目的正是要防止 Mittag-Leffler 得獎。儘管這類揣測都經不起事實的考驗，它們仍然是茶餘酒後大家喜歡談論的話題。

費爾滋與奈望林納

可是在數學家之間，也有一個像諾貝爾獎那麼崇高的獎，那就是費爾茲獎（Fields medals）與奈望林納獎（Nevanlinna prize）。

費爾茲獎是根據加拿大多倫多大學教授費爾茲（J. C. Fields, 1863～1932 年）的遺囑與捐贈成立的。它的全名是國際數學傑出成就獎（The International Medals for Outstanding Discoveries in Mathematics）。

自 1936 年首次頒獎，然後因第二次世界大戰中輟十六年，1950 年起，每四年召開一次國際數學家會議，每次頒授二到四位費爾茲獎的得主。費爾茲獎授予對當代數學有傑出貢獻者，以鼓勵他們繼續完成更偉大的科學研究。雖然沒有明文規定，費爾茲獎得主的年齡一向不超過四十歲。到目前為止，共有三十四位費爾茲獎的得主，其中只有四個東方人：日本的小平邦彥（1954 年）、廣中平祐（1970 年）、森重文（1990 年）與我國的丘成桐（1983 年）。

奈望林納獎由芬蘭赫爾辛基大學提供基金，為紀念芬蘭數學家奈望林納（R. Nevanlinna, 1895～1980 年）設立的。奈望林納獎的目的是獎勵在資訊科學的數學理論有傑出貢獻的學者。到目前為止，共有三位奈望林納獎的得主。

費爾茲是加拿大人，1887 年在美國約翰霍浦金斯大學獲得博士學位。1902 年起任教於加拿大多倫多大學，他是 1924 年國際數學家會議在加拿大多倫多舉行時的大會主席。費爾茲本人的數學研究相當優異，他曾被選為英國皇家學會的會員，但是現在人們還記得他的原因恐怕是由於他設立的這個數學大獎。

奈望林納是當代傑出的複變函數論學者。他在 1920 年代建立亞純函數的值分布理論。奈望林納的理論後來被推廣到多複變函數與算術幾何，是九〇年代頗受矚目的一支數學理論。第一屆費爾茲獎

得主之一 L.V. Ahlfors 是奈望林納的學生。

1990 年的費爾茲獎

1990 年的國際數學家會議，於 8 月 21 至 29 日在日本京都舉行。

京都是日本的古都（794～1868 年），794 年桓武天皇把國都自奈良遷來京都，並仿照當時唐朝的長安建造京都的城門與街道。這是一個保留許多日本傳統文化的城市，日本文學家川端康成的小說《古都》與谷崎潤一郎的小說《細雪》，都以京都為背景。

這次京都的國際數學家會議誕生了四個費爾茲獎的得主：森重

京都的傳統街道

文（S. Mori）、德林斐特（V. G. Drinfeld）、鍾斯（V. F. R. Jones）與維騰（E.Witten）。在十八、十九世紀數學家與物理學家一直是密切合作的朋友，可是二十世紀的數學與物理似乎變成互不往來的兩個世界，這種分離的局面看樣子快結束了：在這次費爾茲獎的得主，除了森重文之外，其餘三人的研究領域和數學物理都有密切的聯繫。在另一方面，計算機科學對數學的影響似乎不如物理，在四年前柏克萊的國際數學家會議，曾有記者問起四位得獎人（費爾茲獎的 Donaldson、Faltings、Freedman 與奈望林納獎的 Valiant），計算機的出現對他們的研究工作有何影響？三個費爾茲獎得主回答：「毫無用處」，研究資訊科學理論的 Valiant 居然承認，他也不用計算機。

森重文

森重文，1951 年生於日本名古屋。1969 年因東京大學鬧學潮停收新生，乃投考京都大學，1978 年獲得京都大學博士學位，指導教授為永田雅宜（H. Naga-ta），博士論文是與交換簇的 Tata 猜測有關的問題。森重文曾任教名古屋大學、美國哥倫比亞大學、猶他大學，現在是

森重文

京都大學數理解析研究所教授。森重文近年得獎無數，今年年初獲得美國數學會代數的大獎 Cole 獎，其後與學習院大學的飯高茂（S. Iitaka）、東京大學的川又雄二郎（Y. Kawamata）共同得到日本科學院獎。這次得到費爾茲獎，許多人並不感意外。

　　森重文的工作集中在代數幾何，尤其是三維代數多樣體的極小模型。在一維多樣體時，虧格便足以分類平滑的射影曲線，這是十九世紀數學家熟知的。二維代數多樣體的分類工作就難得多了，這工作基本上是本世紀前二十年由義大利數學家 F. Enriques（1871～1946 年）完成的，1960 年前後 Zariski 與小平邦彥做了一些推廣。可以說，從 1920～1970 年幾乎沒有人知道三維多樣體的分類該從何著手。森重文的成就差不多是劃時代的工作，他證明三維極小模型的存在定理，並且建立高維多樣體極小模型的理論。

鍾斯

鍾斯

　　鍾斯，1952 年生於紐西蘭，1979 年獲得瑞士日內瓦大學博士學位，指導教授為 A. Haefliger。他曾任教於美國賓州

大學，現在是加州大學柏克萊校區的教授。

鍾斯的研究主題最先是 α^* 代數。他在不可分解的 von Neumann 代數的子代數引入指標的概念，他發現當指標小於4時，它只可能是 $4\cos2(\pi/\eta)$ $(\eta \geqq 3)$。這些數引出研究李代數時無所不在的 CoxeterDynkin 圖表，從此開展了 von Neumann 代數研究的里程碑：他研究辮群與 Hecke 代數的關係，因而發現鍾斯多項式。鍾斯多項式現在變成拓樸學家研究紐結理論的重要工具，在另一方面，它與 Chern-Simons 形式（Chern 指陳省身先生）、保角場論、拓樸場論也具有相當密切的關係。

德林斐特

德林斐特是蘇聯人，1954 年生，目前任職於蘇聯科學院烏克蘭分院的低溫物理與工程研究所。

德林斐特的研究領域跨代數數論與數學物理兩個分支。在二十世紀初許多人早已發現代數數論與大域函數體有許多類似的性質，但是卻無人知道如何具體的呈現這些相似點，德林斐特在他的

德林斐特

博士論文引入德林斐特模的概念，使得大域函數體也能夠像代數數體一樣運用分析的工具從事研究。此外，德林斐特又證明有名的 Langland 猜測的幾個特例。在數學物理方面，他的成就也極為傑出，尤其在量子群。Drinfeld 曾研究 N 瞬息子解的結構，將孤立子方程系統化，並解決古典的 Yang-Baxter 方程（Yang 指楊振寧先生）解的分類問題。

維騰

維騰 1951 年生於美國，1976 年獲得美國普林斯頓大學物理博士

維騰

學位，指導教授為 D. Gross，博士論文是與粒子物理現象學有關的。維騰在 1976～1980 年到哈佛大學從事博士後研究，這時已展現他在量子場論超人的想像與理解力，因此，普林斯頓大學於 1980 年聘請他回去擔任物理系教授，現在他是普林斯頓高級研究所的教授。維騰的父親 L. Witten 也是個物理學家，在美國辛辛那提大學任教，研究重點是古典重力理論。

1980 年代初期理論物理的一個主要研究方向是超對稱。維騰首先用 Atiyah-Singer 指標定理研究超對稱的自發失稱，其後他的研究重點集中在超弦理論。他利用超對稱的概念探討各種數學問題，對於許多有名的數學定理，如 Atiyah-Singer 指標定理、Morse 不等式、丘成桐與 Shoen 的正質量定理、Donaldson 多項式、鍾斯多項式，維騰都有新的觀點或證明。就像十九世紀德國數學家黎曼（B. Riemann, 1826～1866 年）運用豐富的物理直覺，研究複變函數論，維騰的工作使數學和物理重新搭起一座橋梁，並且它描繪出一個許多人未曾夢想過的世界，誰敢說那不是下一代數學家探索的新方向之一呢？

後記：本文承蒙臺灣大學賴東昇先生、黃偉彥先生，清華大學顏晃徹先生、高涌泉先生，中正大學鄭國順先生提供許多重要資料與寶貴意見，謹此誌謝。

中國與日本的費爾茲獎得主

得過費爾茲獎的東方人只有四位：小平邦彥（1954 年）、廣中平祐（1970 年）、丘成桐（1983 年）、森重文（1990 年）。

小平邦彥

小平邦彥，1915年生於東京，他在東京帝大念數學（1938年）

小平邦彦

與理論物理（1941年），取得兩個學士學位，1949年東京大學博士，他的博士論文討論黎曼流形的調和形式。他從1944年擔任東京大學數學系助教授，1949年之後陸續在美國普林斯頓高級研究所、普林斯頓大學、哈佛大學、約翰霍浦金斯大學、史丹福大學任教，直到1967年才回到東京大學任教。小平邦彦在1957年獲頒日本科學院獎與日本文化界的最高榮譽「文化勳章」，1965年入選為日本科學院院士。

　　小平邦彦的主要工作集中在代數幾何與複流形，他在 Riemann-Roch 定理、複流形的變形理論、代數曲面與解析曲面的分類與結構，都有非常重要而且深遠的貢獻。

廣中平祐

　　廣中平祐，1931 年生於日本山口縣，畢業於日本京都大學（理學士，1954 年；理學碩士，1957 年）。1957 年代數幾何大師 O. Zariski（1899～1986年）赴日講學，廣中平祐經由京都大學秋月康夫教授（Y. Akizuki）的介紹，乃隨 Zariski 到美國哈佛大學就讀，1960

年獲博士學位。1964 年廣中平祐成功的解決古典域中奇異點集的化解問題。廣中平祐自 1968 年任教於哈佛大學，1970 年獲得日本科學院獎，1975 年日本政府贈予「文化勳章」，1976 年入選為日本科學院院士。

廣中平祐

奇異點集化解問題是代數幾何與複幾何的大問題。由於這問題難度太高，研究此問題的數學家並不多，但是其重要性卻是大家深信不疑的。廣中平祐從畢業後即全力研究奇異點集問題，其放手一搏的膽識與毅力實在值得後輩景仰師法。廣中平祐於 1987 年應國科會邀請，來我國做短期訪問講學。

丘成桐

丘成桐，1949 年生於廣東汕頭市。後隨家人移居香港，就讀於香港中文大學，其後到美國加州大學柏克萊校區受業於當代微分幾何大師陳省身先生，

丘成桐

1971 年獲得博士學位。1981 年獲得美國數學會幾何的大獎 Veblen 獎，1986 年當選中央研究院院士。丘成桐曾任教於紐約州立大學石溪分校、史丹福大學、普林斯頓高級研究所、加州大學聖地牙哥校區，現任教於哈佛大學。

丘成桐成功的把微分幾何與偏微分方程的技巧與理論結合在一起，他解決許多有名的猜想，在偏微分方程、微分幾何、複幾何、代數幾何以及廣義相對論，都有永不磨滅的貢獻。

（1990 年 12 月號）

表一：歷年費爾茲獎得主基本資料

得獎年份與地點	得獎者人名	出生年月日與地點	得獎時之工作地點	得獎時之研究領域	評委會成員（*表示主席）
1936 奧斯陸（挪威）	L. V. Ahlfors	1907.4.18；赫爾辛基（芬蘭）	美國哈佛大學	黎曼曲面	G. D. Birkhoff（美國）、C. Carathéodory（德國）、E. Cartan（法國）、F. Severi*（義大利）、高木貞治（T. Takagi，日本）
	J. Douglas	1897.7.3；紐約（美國）	美國 M. I. T.	Plateau 問題	
1950 劍橋（美國）	L. Schwarz	1915.3.5；巴黎（法國）	法國 Nancy 大學	分布理論	L. V. Ahlfors（美國）、H. Bohr*（丹麥）、K. Borsuk（波蘭）、M. Fréchet（法國）、W. V. D. Hodge（英國）、D. Kosambi（印度）、M. Morse（美國）、A. N. Kolmogoroff（蘇聯）
	A. Selberg	1917.7.14；Langesund（挪威）	美國普林斯頓高級研究所	超越數論	
1954 阿姆斯特丹（荷蘭）	小平邦彥	1915.3.16；東京（日本）	美國普林斯頓大學	代數幾何、複流形	E. Bompiani（義大利）、E. C. Titchmarch（英國）、G. Szegö（美國）、H. Cartan（法國）、F. Bureau（比利時）、H. Weyl*（美國）、A. Pleijel（瑞典）、A. Ostrowski（瑞士）
1958 艾丁堡（英國）	K. F. Roth	1925.10.29；Breslau（德國）	英國倫敦大學	超越數論	K. Chandrasekharan（印度）、K. Friedrichs（美國）、H. Hopf*（瑞士）、A. N. Kolmogoroff（蘇聯）、L. Schwarz（法國）、C. Siegel（德國）、O. Zariski（美國）
1962 斯德哥爾摩（瑞典）	L. Hörmander	1931.1.24；Mjällby（瑞典）	瑞典斯德哥爾摩大學	偏微分方程	奈望林納*（芬蘭），其他成員不詳
	J.W. Milnor	1931.2.20；New Jersy（美國）	美國普林欺頓大學	微分拓樸	

1936 奧斯陸 （挪威）	L. V. Ahlfors	1907.4.18； 赫爾辛基 （芬蘭）	美國 哈佛大學	黎曼曲面	G. D. Birkhoff（美 國）、C. Carathéodory（德 國）、E. Cartan（法 國）、F. Severi*（義 大利）、高木貞治（T. Takagi，日本）
	J. Douglas	1897.7.3； 紐約（美國）	美國 M. I. T.	Plateau 問題	
1950 劍橋 （美國）	L. Schwarz	1915.3.5； 巴黎（法國）	法國 Nancy 大學	分布理論	L. V. Ahlfors（美國）、H. Bohr*（丹麥）、K. Borsuk（波蘭）、M. Fréchet（法國）、W. V. D. Hodge（英國）、D. Kosambi（印度）、M. Morse（美國）、A. N. Kolmogoroff（蘇聯）
	A. Selberg	1917.7.14； Langesund （挪威）	美國普林 斯頓高級 研究所	超越數論	
1954 阿姆斯特丹 （荷蘭）	小平邦彥	1915.3.16； 東京（日本）	美國普林 斯頓大學	代數幾何、 複流形	E. Bompiani（義大利）、E. C. Titchmarch（英 國）、G. Szegö（美國）、H. Cartan（法國）、F. Bureau（比利時）、H. Weyl*（美國）、A. Pleijel（瑞典）、A. Ostrowski（瑞士）
1958 艾丁堡 （英國）	K. F. Roth	1925.10.29； Breslau （德國）	英國 倫敦大學	超越數論	K. Chandrasekharan（印 度）、K. Friedrichs（美國）、H. Hopf*（瑞士）、A.N. Kolmogoroff（蘇聯）、L. Schwarz（法國）、C. Siegel（德國）、O. Zariski（美國）
1962 斯德哥爾摩 （瑞典）	L. Hörmander	1931.1.24； Mjällby （瑞典）	瑞典斯德 哥爾摩大 學	偏微分方程	奈望林納*（芬蘭），其他成員不詳
	J.W. Milnor	1931.2.20； New Jersy （美國）	美國普林 欺頓大學	微分拓樸	
1966 莫斯科 （蘇聯）	M. F. Atiyah	1929.4.22； 倫敦（英國）	英國 牛津大學	Atiyah-Sin- ger 指標定理、 複流形	G. de Rham*（瑞士），其他成員不詳

	P. J. Cohen	1934.4.2；New Jersy	美國史丹福大學	集合論	
	A. Grothendi-eck	1928.3.28；柏林（德國）	法國巴黎大學	代數幾何	
	S. Smalc	1930.7.15；Michigan（美國）	美國柏克萊加州大學	微分拓樸	
1970 尼斯（法國）	A. Baker	1939.4.19；倫敦（英國）	英國劍橋大學	超越數論	H. Cartan*（法國）、J. L. Doob（美國）、L. Hörmander（瑞典）、F. Hirzebruch（德國）、J. W. Milnor（美國）、A. Zygmund（美國）、J. Tate（美國）、彌永昌吉（S. Iyanaga，日本）
1974 溫哥華（加拿大）	D. B. Mum-ford	1937.6.11；Worth Sussex（英國）	美國哈佛大學	代數幾何	B. Malgrange（法國）、K. Cham-drasekharan*（印度）、A. Mos-towski（波蘭）、J. F. Adams（英國）、J. Tate（美國）、L. Pon-trjagin（蘇聯）、A. Zygmund（美國）、小平邦彥（日本）
	E. Bombieri	1940.11.26；Milan（義大利）	義大利Pisa大學	解析數論、偏微分方程、多複變函數	
1978 赫爾辛基（芬蘭）	C. Fefferman	1949.4.18；Washington D. C.（美國）	美國普林斯頓大學	調和分析、多複變函數	D. Montegomery*（美國）、L. Carleson（瑞典）、M. Eichler（德國）、I. James（英國）、J. Moser（瑞士）、J. V. Prohorov（蘇聯）、J. Tits（法國）、B. S. Nagy（匈牙利）
	P. R. Deligne	1944.10.3；布魯塞爾（比利時）	法國Inst. Hautes Études Sci.	代數幾何、代數數論	
	D. G. Quillen	1940.6.27；New Jersey（美國）	美國M. I. T.	代數K理論、代數拓撲	
	G. A. Margulis	1946.2.24；莫斯科（蘇聯）	蘇聯莫斯科大學	李群、動態系統	

1983； 華沙 （波蘭）	W. P. Thurston	1946.10.30； Washington D. C.（美國）	美國普林欺頓大學	低維流形	N. Bogolyubov（蘇聯）、L. Carleson*（瑞典）、C. T. C. Wall（英國）、P. Malliavin（法國）、D. Mumford（美國）、L. Nirenberg（美國）、荒木不二洋（H. Araki，日本）、A. Schinzel（波蘭）
	A. Connes	1947.4.1； Darguignan （法國）	法國 Inst. Hautes Études Sci.	ℂ* 代數	N. Bogolyubov（蘇聯）、L. Carleson*（瑞典）、C. T. C. Wall（英國）、P. Malliavin（法國）、D. Mumford（美國）、L. Nirenberg（美國）、荒木不二洋（H. Araki，日本）、A. Schinzel（波蘭）
	丘成桐 （Shing-Tung Yau）	1949.4.4； 廣東（中國）	美國普林欺頓高級研究所	微分幾何、偏微分方程	
1986 柏克萊 （美國）	M. H. Freedman	1951.4.21； 洛杉磯 （美國）	美國聖地牙哥加州大學	微分拓樸	L. Hörmander（瑞典）、P. Delign（美國）、J. Glimm（美國）、J. Milnor（美國）、J. Moser*（瑞士）、C. S. Seshadri（印度）、伊藤清（K. Ito，日本）、S. Novikov（蘇聯）
	G. Faltings	1954.7.28； Gelsen-kirchenBuer（西德）	美國普林欺頓大學	代數幾何、代數數論	
	S. K. Donaldson	1957.8.20； Cambridge（英國）	英國牛津大學	四維流形	
1990 京都 （日本）	V. G. Drinfeld	1954.2.14； 蘇聯	蘇聯 Ukranian Acad. Sci	代數數論、數學物理	E. Bombieri（美國）、J. M. Bismut（法國）、M. Atiyah（英國）、L. D. Faddeev*（蘇聯）、C. Fefferman（美國）、I. Shafarevich（蘇聯）、P. D. Lax（美國）、J. G. Thompson（英國）、岩澤健吉（K. Iwasawa，美國）
	V. F. R. Jones	1952.12.31； 紐西蘭	美國柏克萊加州大學	ℂ* 代數	
	E. Witten	1951.8.26； Baltimore（美國）	美國普林欺頓高級研究所	數學物理	

	森重文	1951.2.23；名古屋（日本）	日本京都大學	代數幾何	
1983 華沙（波蘭）	R. Tarjan	美國	美國貝爾實驗室		J. L. Lions*（法國）、J. Schwartz（美國）、A. Salomaa（芬蘭）
1986 柏克萊（美國）	L. Valiant	英國	美國哈佛大學		S. Cook（加拿大）L. D. Faddeev*（蘇聯）、S. Winograd（美國）
1990 京都（日本）	A. A. Razborov	蘇聯	蘇聯 Steklov 數學研究所		A. Chorin（美國）、L. Lovasz*（匈牙利）、M. Rabin、V. Strassen（瑞士）

數學與大自然的對話

◎─陳錦輝

清華大學物理研究所畢業

人類使用語言互相溝通，電腦則只接受0與1，而科學家與大自然之間，則是藉數學語言來溝通。

可惜有些人認為，假如只為了探討自然，而非為數學而數學，只需要在特定情況下，找出對應的數學定理即可，卻不管數學證明與精確的表達方式。因此，數學能力不良就像用外語跟別人交談，常常發生誤解，用錯字句。難怪自然的傳譯者，時常會錯了大自然的本意。

實質模型與數學模型的異同

在現實世界中量度距離，不見得每次相同；同一模具做出來的東西，也會有公差。但在數學世界裡，兩點距離永遠一樣；而在幾何圖形中，也沒有所謂公差。由於數學不是以大自然為主要研究對象，它只是一連串假設和邏輯的推導，研究那些僅存在於思想中的

東西，所以它不算是一門自然科學。行星運轉的模型，是一個實質的模型，而非數學模型。

舉個例子：實質模型相同，但因所用儀器不同，則會得出不同的結果。若用相同的材質，去做一臺為某儀器兩倍大的儀器，則此兩臺儀器的觀察結果就有些不同。

數學研究的東西存在嗎？

要是沒有數學家，「素數」也存在嗎？當我們想它時，它就存在腦裡，但當無人想它們時，則什麼也不存在。如果在黑板寫上763306，這數字存在嗎？這像在黑板上畫一頭怪獸，其實它並不存在；同理，「數」可以談論或書寫，事實上卻不存在。

幾何形狀存在嗎？我們看到的是杯子本身，還是杯子的形狀呢？我們不能把杯子從它的形狀分離，杯子的形狀離開了杯子就不存在。

既然數學是研究不存在的東西，為甚麼大家都用相同的概念呢？

理論上，我們能隨心所欲地定義新概念，就像一位船長愛怎麼開船，便怎麼開；但他絕不會坐一艘不耐風雨的船出海。船長們彼此交換經驗，採用同樣穩當的船。所以，那些同時代，而又能互相

溝通的數學家，都採用相同的概念。

研究不存在的東西，卻可得出真理？難道從不存在的事物，比從來存在的事物，可以得到更準確的的知識？

　　小孩要懂得怎樣數石頭、棒棒糖，「四顆石加三顆等於七顆石」、「四粒糖加三粒為七粒糖」，才明白「4 + 3 = 7」。先要看過皮球，才會有球體的觀念。數學就是這樣由具體而抽象，慢慢建立起來的；因此，數學留有大自然的嬰兒烙印，就像孩子肖似父母。

　　亞當斯(Adams)與李佛瑞(Leverrier)幾乎同時宣告：天王星的運動是受另一不明行星的影響，於是各自寫信到不同的天文臺，請他們循特定的方位去尋找這顆新星。其中一天文臺不相信單靠紙和筆，就能預知那兒有新星，結果由另一天文臺順利找到了海王星。

倘若可以看到物體的本身，為何還要研究它的圖像？

　　我們可以摸到岩石的粗糙表面，但卻摸不到它在水中的倒影，只能摸到冰涼的水。但倒影是岩石的一個傳真圖像，突出和隆起也可在水中看到，雖然一些小地方不能反映，但大體上輪廓卻都保留著；數學世界猶如水中倒影，正是我們生活世界的圖像。

　　地圖上只載有最重要的東西；依目的不同，所用地圖也不同。在

處理問題時，如能把次要的細節擱到一旁，事情就更簡單清楚了。

況且，在現實事物之外，再創造一般的觀念，把它們從原物體分離之後，一下就得出許多知識，適用於各式各樣的事物。同一模型，又可應用到與實際完全不同的情況中，假使公理的陳述夠周詳完整，則在推理時，則根本不需要知道這些話的意義，就可以用同樣的語言，推出新結論。假如結論與事實有出入，則表示在建立模型時，遺漏了重要的東西。就像同一條方程式，可表示力學、電路，甚至航空上的某種情況，實際上以電路模型作實驗求解，遠比建立真實的航空模型，來得經濟實惠。

為什麼同一事實會使用不同的模型？

有時必須懂得證明，才能了解數學或自然的定理，甚至看了第二個完全不同的證明才能真懂。正如物理概念一樣，假如有兩種理論，構想完全不同，卻有完全相同的結論，通常可以由數學證明甲、乙相通。但科學卻無法辦到，因兩者都與實驗有相同程度的符合，例如力矩原理，乃能量守恆的一種表達方式。

一種情況的幾種說法，在科學上是完全等效的，但心理效果卻不同。首先，因個人從小所受的訓練，會比較喜歡某一種，但當你在猜想新定律時，在心理上他們完全不同，會帶給你非常不同的想

法。「自然」驚人的特性之一，就是有許許多多可能的解釋。

有時在甲理論作一些很自然的小修改，在乙理論則要作相當大的修改，且根本一點都不自然。理論與結果不相符時，我們可以不斷補充，並修改出各種奇怪的規則及假設來解釋；但為了挽救一個被實驗推翻的假設，而對它東挖西補，弄得面目全非，這兒剛縫上，那兒又被扯破，再補下去並不值得。

即使在理論中極小的改變，可能導致它的哲學背景或構想有巨大改變；例如牛頓力學對水星運動預測的一點點差距，就引出了廣義相對論。你不能把一個完美的理論，修改成不完美，於是只好去建立另一「完美」的理論。總之，哲學背景也許可能使你猜想時有所偏見，但亦可能幫助你猜想，這是很難說的。

如何挑選模型？

一種情況，往往有幾個數學模型可供選擇，既要挑一個合適的（不可能十全十美），最好也不太複雜。妥切與簡單，往往互相矛盾，所以要權衡利害，排除次要的東西。例如萬有引力定律公式簡單（並非說作用簡單），卻是近似的：愛因斯坦把它修正後，仍未考慮量子化，所以應依不同程度與不同目的，來使用不同模型。即使是使用最粗糙的數學模型，也會為我們帶來更深一層的了解。

詳盡的物理定律，與實際現象往往有很大的距離。例如在遠處看冰河運動，不一定要記得冰塊是由許多小六角形的結晶體合成的，要由冰結晶推到冰河運動，還需要走好長好長的路。費國曼(Feynman)曾說過：「自然似乎把真實世界中最重要的一些性質，設計成複雜而偶然的結果……有時候，也許會發覺原理已經太多了，在建立模型時不能全部採納，因為它們是互相矛盾的。如何構想那些要保存？那些要丟掉呢？其實，也許只靠運氣，不過看來很需要技巧。」

近代物理定律，看起來越來越不合理，越來越不像直覺，模型也就越來越抽象。電子、光子到底是粒子還是波？它們的行為和我們見過的任何東西都不一樣；電子透過雙縫形成繞射圖案，你無法預測電子會由那一個小孔出來。所以，以前有人說：「任何科學都必須在相同條件下，產生相同的結果。」這句話現在已經過時了。

幸好我們認識新事物，不一定要依靠類比。曾經看過飛鳥的人，固然有助於向他解釋飛機：但未看過飛鳥的，並不是說一定不能了解飛機，當然這就得靠數學了。

（1991 年 11 月號）

參考資料：

1. Renyi A., 1967, Dialogue über Mathematik, Birkhäuser Verlag Basel und Stuttgart.
2. Feynman R., 1967, The Character of Physical Law, Cambridge, Mass., The M. I. T. Press.

向阿基米得致敬

◎──蔡聰明

任教於臺灣大學數學系

【摘要】法國啟蒙運動大師伏爾泰（Voltaire）說：「阿基米得的頭腦要比荷馬（Homer）的更富想像力。」本文我們只展示阿基米得由洗澡而悟出皇冠問題的解法，及一些相關的發現，以窺其丰采於萬一。這個論題含有豐富的歷史、人文、科學與數學之內涵，值得開發為中學教育之題材。

義大利西西里島（Sicily）的東南地方，有一個叫做西拉克斯（Syracuse）的海港。西元前 734 年，迦太基人（Carthage）曾在此建造一座古城，這就是阿基米得（Archimedes, 約 287～212 B. C.）的故鄉。他在此誕生，其後到過亞歷山卓（Alexandria）留學，然後回鄉工作並且死於故鄉。

根據歷史的記載（或傳說），西拉克斯的國王 Hieron 二世，為了慶功謝神，命金匠打造一頂純金皇冠，要獻給不朽的神。完工之日，國王懷疑皇冠不純，摻雜有銀子，但是苦於找不到科學方法加以判別。因此，他就去請教好朋友阿基米得，提出著名的皇冠問題（the crown problem）：

在不熔化皇冠的條件下，

（i）如何判別皇冠是純金與否？

（ii）若不是純金的話，如何求得金、銀的含量各占多少？

圖一：阿基米得沐浴圖

阿基米得苦思一段時日，也是無所得。有一天他到澡堂洗澡，當他把身體沈入浴池的水裡時，他敏銳地察覺到水位上昇，並且身體的重量稍減（參見圖一），他突然靈光閃現，狂喜得忘我地衝跑回家，上演裸奔，並且大叫：

「Eureka! Eureka!」（意指：我發現了！我發現了！）

本文我們要展示阿基米得的分析方法與實驗精神，結合物理與數學，從而解決皇冠問題的過程，並且由洗澡又發現「浮力原理」，再延伸出實數系「阿基米得性質」的美妙收穫。

分析與實驗

　　大家都知道，金
的比重大於銀，故相
同重量的金或銀，體
積是前者小於後者
（圖二）。同理，相
同體積的金或銀，重
量是前者大於後者。

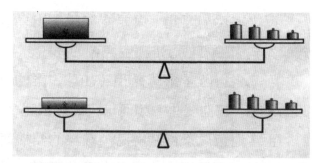

圖二：重量相同時，金的體積小於銀

　　其次，一塊金屬在打造成不同的形狀後，體積不變（假設是實心的，內部沒有空隙），表面積當然會變。

　　有了上述兩個基本常識，阿基米得分析論證如下：假設秤得皇冠的重量是 2879 克，再取來同樣是 2879 克的一塊純金與一塊純銀，已知它們的體積分別為 V_1 與 V_3。假設皇冠的體積為 V_2，那麼就有

　　（i）如果皇冠是金銀混合打造的，則

$$V_1 < V_2 < V_3 \quad\text{......................................}\ (1)$$

　　（ii）如果皇冠是純金打造的，則

$$V_1 = V_2 < V_3 \quad\text{····································} \quad (2)$$

反之亦然。因此，只要能夠測量出皇冠的體積，就可以利用(1)式或(2)式來驗知皇冠是純金與否的問題。

阿基米得雖是求算體積（如球、錐的體積）的高手，但是皇冠凹凸不平、彎曲變化，如何求它的體積呢？

正當他苦思不得其解時，洗澡的契機使他發現身體所排開的水量正好就是身體浸在水中的部分之體積。這馬上使他悟出，皇冠體積的度量方法：在裝滿水的水槽，將皇冠全部沈入水中，那麼溢出水的體積就是皇冠的體積。

現在取來一塊純金，跟皇冠同樣都是重 2879 克（圖三）。再將它們沈入相同的兩個水槽中，阿基米得發現皇冠所排開的水量比較多（圖四），即 (1) 式成立。因此他證明了金匠「偷工減料」。我們注意到，如果金、銀的比重很相近，那麼就可能會產生判別上的困擾。

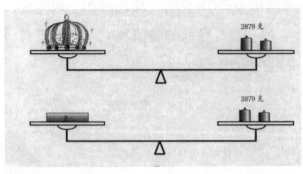

圖三

阿基米得所解
決的皇冠問題，雖
然渺小，也不難，
但已足令他狂喜到
裸奔。因此，不論

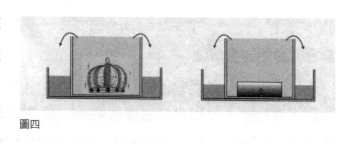

圖四

問題是大或小，困難或容易，只要是自己從頭到尾徹底地想出來，
獨立地解決問題，就會令人欣喜若狂。例如，當牛頓發現微分與積
分的關聯時，他說：「我已經發現了用微分來算積分！」這種喜悅
標誌著數學史上的一個偉大時刻（a great moment）。數學裡有最豐
富的題材，讓人得到這種美好的經驗。

在歷史上，還有兩個例子，可以媲美阿基米得解決皇冠問題：
曹沖秤象與愛迪生（Edison, 1847～1931）測量電燈泡的體積。

世界上每天有何其多的人洗澡，只有阿基米得從中得到「我發
現了」，這是因為懷有「問題意識」，在問題的引導之下，讓他對
周遭的感覺敏銳。「天才是一分的靈感，加上九十九分的流汗」，
愛迪生如是告誡我們。靈感（inspiration）與流汗（perspiration）的
英文恰好是押韻，形成類比。

皇冠問題的定量解法

　　為了探求皇冠的金、銀含量，我們必須利用物體的比重概念。我們定義物體（或物質）密度與純水密度的比值，叫做該物體的比重（specific gravity）。表一就是一些金屬的比重數值表。

表一：金屬的比重

水	1.00	鐵	7.86
金	19.30	鉛	11.34
銀	10.50	白金	21.37
銅	8.93	水銀	13.59

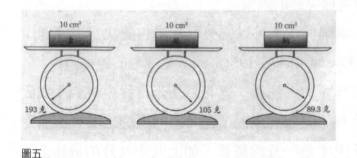

圖五

　　換言之，同樣是 10 立方公分的金、銀、銅，它們的重量分別是 193 克、105 克與 89.3 克（圖五）。

算術解法

　　今假設測得皇冠的體積為 182 立方公分，重量為 2879 克。如果

皇冠是純金的，則應該重

$$182 \times 19.3 = 3512.6 \text{ 克}$$

或體積應該是

$$2879 \div 19.3 = 149.2 \text{ 立方公分}$$

這些都跟實際不符，故知皇冠不是純金打造的。進一步，若皇冠是純金的，則重量比實際的皇冠重

$$3512.6 - 2879 = 633.6 \text{ 克}$$

而 1 立方公分的金比 1 立方公分的銀重

$$19.3 - 10.5 = 8.8 \text{ 克}$$

故對於純金皇冠，每將 1 立方公分的金換成 1 立方公分的銀，會減輕 8.8 克的重量。今欲減輕 633.6 克，總共需換

$$633.6 \div 8.8 = 72 \text{ 立方公分}$$

因此，實際的皇冠含有 72 立方公分的銀，182 − 72 = 110 立方公分的金。從而，實際的皇冠所含金、銀各有

$$19.3 \times 110 = 2123 \text{ 克}$$
$$10.5 \times 72 = 756 \text{ 克}$$

代數解法

事實上，這就是「雞兔同籠」問題，我們不妨稱之為「金銀同冠」問題：有金、銀兩種怪獸同在一個皇冠之中，總共有182隻，各有腳 19.3 支與 10.5 支，問金、銀怪獸各有幾隻？

利用代數解法，假設金、銀各有 x 立方公分與 y 立方公分，則依題意可得聯立方程組

$$\begin{cases} x + y = 182 \\ 19.3x + 10.5y = 2879 \end{cases}$$

解得 $x = 110$，$y = 72$。

上述從算術解法到代數解法，正好是反應從小學數學到國中數學的伸展。阿基米得的皇冠問題是一個絕佳的歷史名例，結合生活實際、歷史、物理與數學，又富趣味性。

浮力原理與阿基米得性質

阿基米得由洗澡與皇冠的實驗，又發現浮力原理。

浮力原理

物體在流體中（不論浮或沈），會減輕重量，並且所減輕的重量就等於物體所排開的流體之重量。這個原理也稱為阿基米得原理。

習題一：假設有一頂皇冠、一塊純金及一塊純銀，三者的重量都一樣，為384克。將它們都浸沒到水中，秤其重量，發現純金減少19克，純銀減少28.5克，皇冠減少21.25克。問皇冠中含金、銀各多少克？

習題二：有一個容器可浮在水槽的水面上，水槽不大，可以精確地刻劃出水槽的水位。假設容器裝一頂皇冠後，仍浮在水面上，我們在水槽上刻劃出水位線。現在將皇冠取出，沈入水槽中，問相對於原先的水位線，水槽的水位是上昇或下降？

阿基米得性質

阿基米得在澡堂中，靈感特別多。他一面洗，一面用手把水潑

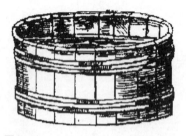

弄出去，立刻悟到：只要有恒地潑水出去，在有限次之內，一定可以把水潑弄淨盡。有恒為成功之本。換言之，不論澡堂的水多麼多，用

圖六

一個小湯匙（不論多麼小），不斷地取水，必有乾枯之時（圖六）。

改用數學的術語來說就是：

任意給兩個實數 $M > 0$ 及 $\varepsilon > 0$（$M > \varepsilon$），必存在一個自然數 n，使得 $n\varepsilon > M$。

這就是實數系所具有的著名的阿基米得性質（Archimedean property）。通常我們在心目中是想像 M 很大，ε 很小，分別代表澡盆的水量與一湯匙的水量。這個原理在高等數學中很重要，它等價於 $\lim_{n \to \infty} \frac{1}{n} = 0$（習題）。利用窮盡法（method of exhaustion）求面積與體積時，所根據的原理就是阿基米得性質。

阿基米得性質也可以解釋成愚公移山原理：不論山 $M > 0$ 有多大，一鏟 $\varepsilon > 0$ 有多小，終究有一天 $n \in \mathbb{N}$，山會被愚公挖光 $n\varepsilon > M$。

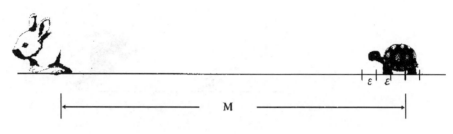

圖七

　　更可以解釋成龜兔賽跑原理：不論兔子在烏龜前方 $M > 0$ 有多遠，烏龜的步幅 $\varepsilon > 0$ 有多小，假設兔子睡大覺不動，烏龜終有一天 $n \in \mathbb{N}$，會超越兔子 $n\varepsilon > M$（圖七）。

　　阿基米得性質雖然很直觀易明，但是若要證明它的話，卻必須用到深刻的實數系完備性。另一方面，利用阿基米得性質，我們可以證明有理數系 Q 稠密於實數系$\mathbb{R}$：對於任意兩實數 $a, b \in \mathbb{R}$，$a < b$，恒存在有理數 $r \in Q$，使得 $a < r < b$（習題）。

　　在紀元前五世紀，古希臘哲學家季諾（Zeno）曾提出飛毛腿阿基里斯（Achilles）與烏龜賽跑的詭論（paradox）。他宣稱只要讓烏龜在阿基里斯前方一公里，開始賽跑，那麼阿基里斯永遠追不上烏龜。假設阿基里斯的速度是烏龜的 10 倍，則當阿基里斯跑到烏龜的出發點時，烏龜已向前方走了 $\dfrac{1}{10}$ 公里，按此要領下去，烏龜永遠在阿基里斯的前方（圖八）。請你破解這個詭論。

圖八：阿基里斯追不上烏龜

　　阿基米得也是設計機械的高手，他擅用槓桿與滑輪的原理設計
兵器，抵抗羅馬大軍攻打西拉克斯城；製造器械讓國王 Hieron 獨自
一個人就把新造好的船推移入海，使得國王高興地說：「今後不論

阿基米得說什麼，我都相信。」圖九的螺旋管抽水機也是他的傑作。他常被後人引用的一句名言是：

圖九：阿基米得的抽水機

給我一個支點，我就可以搬移地球。

結語

　　阿基米得由洗澡而得到的收穫是豐富的。這種由生活經驗出發，展開探索、試誤（trial and error）、實驗與猜測，最後得到發現，這過思考論證過程才是教育應該千錘百鍊的核心工作。

　　數學教育或科學教育，不論是採取啟發式、建構式、引導式、蘇格拉底式（Socrates method）或摩爾式（Moore method），其目的都是要讓學生獨立地得到「我發現了」的喜悅經驗。

　　在人類文明史上，阿基米得是公認最偉大的三位數學家之一，另外兩位是牛頓（Newton, 1642～1727）與高斯（Gauss, 1777～1855）。

他們都是以工作的專注（concentration）與創造的偉大而聞名；其中阿基米得更獨特，他強調發明的方法，他是先利用流體靜力學與槓桿原理（即機械、物理方法）猜得答案，然後再用邏輯作嚴格的證明，發現與證明兼顧。

英國數學家 G. H. Hardy（1877～1947）說：

> 阿基米得被後人記得，但是 Aeschylus（525～450 B.C.,古希臘悲劇詩人）卻被遺忘，因為語言會死亡，而數學觀念永恆不朽。

當羅馬大軍在西元前 212 年攻陷西拉克斯城時，士兵進入民宅，發現一位老人正專注在做數學。老人對士兵說：「不要弄壞我的圖形！」士兵憤而殺死老人，據說這位士兵的名字叫做 Zero，這就是偉大阿基米得之死（圖十），連帶地古希臘精神也被殺死了！所謂古希臘精神就是「為真理而真理」，講究追根究柢、論證、美、⋯⋯的精神。

羅馬人對科學並沒有什

圖十：阿基米得之死

麼貢獻，因為他們是一群重視現實利益的人，對知識的追求也只為有用與有利。這種功利的觀點與眼界，在今天的社會更加盛行，並且與我們長相左右。英國數學家及哲學家 A. N. Whitehead（1861～1947）說得好：

阿基米得死在羅馬士兵手下，象徵著第一階巨大的世界變化。羅馬是一個偉大的民族，但卻由於死守實用而沒有創造。他們不是足夠的夢想家，所以無法產生新的觀點，以便更根本地掌握自然界的各種力量。沒有一個羅馬人因為沉迷於幾何圖形中而喪失生命。

文藝復興的一個意義就是要恢復古希臘精神。人要親自找尋真理，檢驗真理，由此開創出實驗與數學相結合的研究方法，導致十七世紀的科學革命，匯聚成今日文明的主流。

從長遠的歷史眼光來看，十七世紀以後的科學方法，只是回復到阿基米得而已。因此，阿基米得是一位開山祖師，萬古常新！

（1996 年 11 月號）

參考資料

1. Dijksterhuis, E. J., Archimedes, Princeton University Press, 1987.
2. Edward, C. H., the Historical Development of the Calculus，Springer-Verlag, 1979.
3. Boyer, C. B., A History of Mathematics, John Wiley & Sons, 1968.
4. Heath, T. L., A History of Greek Mathematics, Vol. II, Oxford University Press, 1921.
5. Simmons, G. F., Calculus Gems, McGraw-Hill, Inc., 1992.
6. 伊達文治，アルキメデスの數學，森北出版株式會社，1993 年。

享受 π 樂趣

◎—洪萬生

任教於臺灣師範大學數學系

我們渴望了解π通常不是與實際多算一些小數位有關，而是想要知道：像π這麼簡單如圓周與直徑的比何以會表現出這麼複雜的情狀？π的追求植根於我們對心靈與世界的探險精神上，也基於我們不斷想試驗人類極限的不可言狀衝動上……

幾十幾年前，筆者曾經在《科學月刊》上發表〈中國π的一頁滄桑〉一文，獲得很多朋友的謬賞，這對當初筆者念茲在茲的數學普及理想，不無鼓舞的作用。試想要是當時的熱情沒有得到任何掌聲，或許筆者的學術生涯因此改觀。事實上，筆者年輕時由於一心想效力數學知識的通俗化，因而似乎極自然地一頭栽入數學史領域尋求資源與靈感。沒想到現在竟然把「數學史」這個手段常

書名：The Joy of π
作者：David Blatner
出版：Walker and Company, Inc., New York

成目的，為數學史而數學史起來了。

　　即使如此，筆者仍然不敢或忘年少普及數學知識的志業。這些年來，雖然無法經常抽空撰寫普及性的文字，但遇有同好者著作，總是見獵心喜。最近筆者曾推薦史都華（Ian Steward）的《大自然的數學遊戲》（中譯本由天下文化公司出版）給台灣師大數學系大四選修「數學史」的同學閱讀，結果獲得極大的迴響（筆者將在另文中介紹幾篇心得報告），可見認真規劃、言之有物的普及讀物，還是很容易找到知音的。

　　1997 年底，我前往美國新奧爾良（New Orleans）開會，在舊金山國際機場轉機時購得布萊特諾（David Blatner）所寫的《π的樂趣》（The Joy of π）。在仔細閱讀過一些章節之後，發現它內容豐富、趣味盎然而且平易近人，實在是不可多得的一本數學普及讀物。

　　譬如說吧，作者布萊特諾就以十分平和的語調，介紹了十九世紀末美國印第安那州議會為一位「化圓為方者」（circle squarer）背書的故事。所謂「化圓為方」，是指給定一個圓，以幾何作圖（geometric construction）的方法，求作一個等面積的正方形。它與「三等分任意角」、「倍立方體」並列為古希臘三大作圖題。到了十九世紀三○年代之後，這三大問題拜近代數學發展之賜，才一一被證明為不可能。也因此「化圓為方者」一詞就專門用來指稱那些昧於

現代數學知識背景的「數學狂怪」（mathematical crank）。這樣的人可以說無所不在，即使是現在國內，我們相信有些數學教師還會鼓勵學生對任意角作三等分。

十九世紀美國這位「化圓為方者」的名字叫古德溫（Edwin J. Goodwin），是一位鄉村醫生。在 1888 年，也就是在「化圓為方」被德國數學家林得曼（C. L. F. Lindemann）證明不可能的六年後，古德溫宣稱獲得上帝的教誨而解決了「化圓為方」的問題。更不可思議的，顯然由於他的遊說，1897 年州下議會議員瑞柯德（Taylor Record）竟然將它提案為第 246 號法條。一旦通過，這個法條將允許該州任何人有權利無償地使用古德溫的「發現」，但是其他州就必須付費了。由於沒有任何一位州議員知道該法案的數學內容是怎麼回事，所以州議會不久就以 67 比 0 無異議通過。不過，令人驚奇的是，法案竟然附帶保證說古德溫的計算結果是正確的，因為它還得到《美國數學月刊》（*American Mathematical Monthly*，美國數學學會的官方刊物）的認可。該雜誌的確出版了古德溫的論文，但該法案並沒有說明雜誌編輯曾指出這是應作者的要求。《美國數學月刊》的處理態度或許並不令人意外，因為當時有一位州教育督學就非常熱衷極力促成該法案的通過。沒想到投票隔天，當地地方報紙就評論說是有史以來印第安那州議會所通過的最奇怪法案。幸好普

度大學（Purdue University）數學教授華多（C. A. Waldo）立刻拜會州議會就此事提出質疑，而報紙也趁機炒作，逼迫州上議會終於在 1897 年 2 月 12 日投票，作出無限期擱置討論的決議。

　　類似上述這類極具啟發性的故事之論述，可以說是本書的特色之一。此外，本書定位既然是數學普及讀物，所以它的「軟性」包裝大有「語不驚人死不休」的氣概，譬如在它的封皮上，我們就可以讀到很多「花邊訊息」：(1)π 的一百萬小數位數包括了 99959 個 0、99758 個 1、100026 個 2、100229 個 3、100230 個 4、100359 個 5、99548 個 6、99800 個 7、99985 個 8 以及 100106 個 9；(2)日本人 Hiroyuki Goto 在 1995 年 2 月花了九小時背誦了π的位數達四十二萬位數，創造了歷史記錄；(3) 123456789 的順序第一次出現在 π 的第 523551502 位數上；(4)π 的前 144 個位數加起來等於 666，而 144 恰好等於$(6 + 6) \times (6 + 6)$；(5)大象的高度（從足到肩）等於 $2 \times \pi \times$ 象足的直徑。此外，本書的內文也處處嵌入一些令人驚奇的「花絮」，譬如「π的十億個位數若以平常的形式印刷，則它的長度將長達一千兩百哩」；再如「如果妳/你運用 Gregory-Leibniz 級數來計算π的近似值，結果當你／妳努力計算了五十萬項之後，只會得到三十位數。更不幸的是，它不會全部正確—事實上，在妳／你所求得的 3.141590653589793230462264338326 中，兩個 0 及最後的 6 都錯了。」

最後這一則應該算是「數學花絮」，不懂一點微積分是分享不到的，因為其中就涉及無窮級數收斂快慢的問題。

由此可以證明，本書作者擁有十分豐富的數學與電腦的背景知識，也正是如此，本書才能呈現風趣、華麗外表之下的實質內容，試看它的目錄：

序：圓與方
導言：為何 π？／π 的意義
π 的歷史
查德諾夫斯基兄弟的貢獻
π 這個符號
π 的個性
化圓為方者
如何記住π的近似值

後語

我們就可以發現：作者盡其所能地在趣味的包裝中，「滲透」了數學的歷史、文化與知識。儘管在敘述π的滄桑史時，作者把一些中國古代數學家名字拼錯了，但這無損於他的史識。事實上，在他的「導言」中，作者就清楚地指出像π的探索這種「知識獵奇」的歷

史興味：

　　吾人渴望了解π經常不是與實際多算一些小數位有關，而是想
要針對下列問題尋求答案：像π這麼簡單如圓周與直徑的比何以
會表現出這麼複雜的情狀。π的追求植根於吾人對心靈與世界這
兩者的探險精神上，也基於吾人不斷想試驗人類極限的不可言狀
衝動上。這就彷彿登聖母峰一樣，吾人攀爬因為它就在那裡。

　　是的，自從π分別被勒俊得（A. M. Legendre）、林得曼於 1794
年、1882 年證明是無理數、超越數之後，不僅古希臘的著名幾何作
圖題「化圓為方」確定不可能之外，追求π近似值的更多小數位數也
必須賦予新的意義。這種處境在本事愈來愈高強的電子計算機開始
介入 π 值的逼近時，似乎更顯得迫切。譬如說吧，1949 年，計算機
ENIAC 花了七十小時才計算到 808 位。

　　1955 年，計算機 NORC 則只花了十三分鐘就計算到 2037 小數
位。四年之後，也就是 1959 年，已經到達一萬多位數了，當年巴黎
IBM 704 計算到 16167 小數位。六〇年代開始進入十萬位數。1961
年，紐約的 IBM 7090 花了 8.72 小時計算到 100200 小數位。1966 年，
巴黎的 IBM 7030 計算到 250000 小數位。隔年，同樣是巴黎的 CDC
6600 計算到 500000 小數位。1973 年，巴黎的季勞得（J. Guilloud）與

鮑耶（M. Bouyer）運用了 CDC 7600 計算一百萬位數，共花了 23.3 小時。這是 1970 年代 π 僅有的一次逼近，此後，這個舞台就全部由日本人與查德諾夫斯基（Chudnovsky）兄弟來主導了。在八〇、九〇年代，有關 π 逼近的歷史記錄各有三次。前者首先由日本 T. Tamura 和 Y. Kanada 揭開序幕，1983 年，他們兩人利用 HITACM-280 花了三十小時，計算了一千六百萬位數。接著，1988 年 Kanada 利用 Hitachi S-820 花了六小時，計算到 201326000 位數。然後是熱鬧的 1989 年，先是查德諾夫斯基兄弟找到四億八千萬位數；Kanada 計算了五億三千六百萬位數；查德諾夫斯基再推進到十億位數。到了 1995 年，Kanada 又推到六十億位數。隔年，查德諾夫斯基兄弟再攀八十億位數。最後是 1997 年的記錄，Kanada 和他的新合作者 Takahashi 利用 Hitachi SR2201，只花了二十九小時又多一點就創造了 π 逼近的歷史新高：五百一十億位數。

隨著計算機超高效能的應用，π 逼近的小數位數有更多的神秘規律陸續向我們展示。有關 π 十進位小數展開式的「類型」（pattern）究竟如何刻劃，這是一百多年前不可能的夢想，如今拜計算機之賜，我們對它終於有了比較踏實的了解。如此看來，有心享受 π 的樂趣，恰當地對待數學與電算機科學的結合，的確是當務之急了。

（1998 年 3 月號）

談韓信點兵問題

◎─蔡聰明

數學的解題，包括問題、答案、求得答案的思路過程，以及過程中所結晶出來的普遍概念、方法和數學理論。只有答案與計算技巧的堆積無法顯現數學的妙趣。

在《孫子算經》裡（共三卷，據推測約成書於西元 400 年左右），下卷的第二十六題，就是鼎鼎有名的「孫子問題」：

> 今有物不知其數，三三數之剩二，五五數之剩三，七七數之剩
> 二，問物幾何？

將它翻譯成白話：這裡有一堆東西，不知道有幾個；三個三個去數它們，剩餘二個；五個五個去數它們，剩餘三個；七個七個去數它們，剩餘二個；問這堆東西有幾個？精簡一點來說：有一個數，用 3 除之餘 2；用 5 除之餘 3；用 7 除之餘 2；試求此數。用現代的記號來表達：假設待求數為 x，則孫子問題就是求解方程式：

$$\begin{cases} x \equiv 2 \ (\bmod\ 3) \\ x \equiv 3 \ (\bmod\ 5) \\ x \equiv 2 \ (\bmod\ 7) \end{cases}$$

其中 $a \equiv b \ (\bmod\ n)$ 表示 $a-b$ 可被 n 整除。這個問題俗稱為「韓信點兵」（又叫做「秦王暗點兵」、「鬼谷算」、「隔牆算」、「剪管術」、「神奇妙算」、「大衍求一術」等等），它屬於數論（Number theory）中的「不定方程問題」（Indeterminate equations）。

孫子給出答案：

答曰：二十三

事實上，這是最小的正整數解答。他又說出計算技巧：

術曰：三三數之剩二，置一百四十；五五數之剩三，置六十三；七七之數剩二，置三十。并之得二百三十三。以二百一十減之，即得。凡三三數之剩一，則置七十；五五數之剩一，則置二十一；七七數之剩一，則置十五。一百六以上，以一百五減之，即得。

這段話翻譯成數學式就是：

$$x = 2 \times 70 + 3 \times 21 + 2 \times 15 - 2 \times 105$$
$$= 140 + 63 + 30 - 210$$
$$= 23$$

此數是最小的正整數解。

為了突顯 70、21、15、105 這些數目，明朝的程大位在《算法統宗》（1592 年）中，把它們及解答編成歌訣：

> 三人同行七十稀，五樹梅花廿一枝，
> 七子團圓正半月，除百零五便得知。

另外，在宋代已有人編成這樣的四句詩：

> 三歲孩兒七十稀，五留廿一事尤奇，
> 七度上元重相會，寒食清明便可知。

這些都流傳很廣。「上元」是指正月 15 日，即元宵節，暗指「15」；而「寒食」是節令名，從冬至到清明，間隔 105 日，這段期間叫做「寒食」，故「寒食」暗指「105」。

本文我們要來探索韓信點兵問題的各種解法，它們的思路過程與背後所涉及的數學概念和方法。

觀察、試誤與系統列表

按思考的常理，面對一個問題，最先想到的辦法就是觀察、試誤（trial and error）、投石問路、收集資訊，再經系統化處理，這往往就能夠解決一個問題；即使不能解決，對該問題也有了相當的理解，方便於往後的研究或吸收新知。

首先考慮被 3 除之餘 2 的問題。正整數可被 3 整除的有 3,6,9,12, ……，所以被 3 除之餘 2 的正整數有 2,5,8,11,14,……。其次，被 5 除之餘 3 的正整數有 3,8,13,18,……。最後，被 7 除之餘 2 的正整數有 2,9,16,23,……。將其系統地列成表一，以利觀察與比較。

表一

被 3 除之餘	2, 5, 8, 11, 14, 17, 20, 23 , 26……
被 5 除之餘	3, 8, 13, 18, 23 , 28, 33, 38, 43……
被 7 除之餘	2, 9, 16, 23 , 30, 37, 44, 51, 58……

我們馬上可從表一看出 23 是最小的正整數解。有一位四年級的小學生，他耐心地繼續計算下去，得到第二個答案是 128，第三個答案是 233，接著又歸納出一條規律：從 23 開始，逐次加 105 都是答案（這是磨練四則運算的好機會）。從而，他知道孫子問題有無窮多個解答。不過，小學生還沒有能力把所有的解答寫成一般公式：

$$x = 23 + 105 \cdot n \text{，} n \in N_0 \quad \cdots\cdots\cdots\cdots\cdots\cdots\cdots\cdots\cdots\cdots ①$$

其中，$N_0 = \{0,1,2,3,\cdots\}$。

　　根據機率論，一隻猴子在打字機前隨機地打字，終究會打出莎士比亞全集，其機率為 1。這是試誤法中，最令人驚奇的一個例子。人為萬物之靈，使用試誤法當然更高明、更有效。總之，我們可以（且必須）從錯誤中學習。

分析與綜合

　　根據笛卡兒（Descartes, 1596～1650）的解題方法論：面對一個難題，儘可能把它分解成許多部分，然後由最簡單、最容易下手的地方開始，一步一步地拾級而上，直到原來的難題解決。換言之，你問我一個問題，我就自問更多相關的問題，由簡易至複雜，舖成一條探索之路。

　　現在我們考慮比孫子問題更一般的問題：

　　問題一試求出滿足下式之整數 x：

$$\begin{cases} x = 3q_1 + r_1 \text{，} 0 \leqq r_1 < 3 \\ x = 5q_2 + r_2 \text{，} 0 \leqq r_2 < 5 \\ x = 7q_3 + r_3 \text{，} 0 \leqq r_3 < 7 \end{cases} \quad \cdots\cdots\cdots\cdots\cdots\cdots\cdots ②$$

孫子問題是$r_1 = 2$，$r_2 = 3$，$r_3 = 2$的特例：

$$\begin{cases} x = 3q_1 + 2 \\ x = 5q_2 + 3 \\ x = 7q_3 + 2 \end{cases} \quad\cdots\cdots\cdots\cdots\cdots\cdots\cdots\cdots\cdots\cdots\cdots\cdots\cdots\cdots\cdots\cdots ③$$

　　為了求解這個特例，我們進一步考慮一連串更簡單的特例。基本上，這有兩個方向：剩餘為 0 或只有單獨一個方程式。

單獨一個方程式

　　欲求

$$x = 3q_1 + 2 \cdots\cdots\cdots\cdots\cdots\cdots\cdots\cdots\cdots\cdots\cdots\cdots\cdots\cdots\cdots\cdots\cdots ④$$

的整數解 x，顯然解答的全體為

$$S = \{\cdots, -7, -4, -1, 2, 5, \cdots\}$$

這些解答可以寫成一個通式：

$$x = 3n + 2，n \in \mathbb{Z} \cdots\cdots\cdots\cdots\cdots\cdots\cdots\cdots\cdots\cdots\cdots\cdots\cdots\cdots ⑤$$

其中 Z 表示整數集。事實上，⑤式只是④的重述。

進一步，通解公式⑤也可以寫成

$$x = 3n + 5 ， n \in \mathbb{Z}$$

或

$$x = 3n + (-4) ， n \in \mathbb{Z}$$

等等。換言之，通解公式可以表成 $x = 3n$，，$n \in \mathbb{Z}$，與 $x = 2$（或 $x = 5$，或 $x = -4$ 等等）這兩部分之和。前一部分是 $x = 3q_1$ 之通解，後一部分是 $x = 3q_1 + 2$ 的任何一個解答（叫做特解）。

這告訴我們，欲求 $x = 3q_1 + 2$ 之通解，可以分成兩個簡單的步驟：先求 $x = 3q_1$ 的通解，再求 $x = 3q_1 + 2$ 的任何一個特解，最後將兩者加起來就是 $x = 3q_1 + 2$ 的通解公式。

這對於兩個方程式的情形也成立嗎？這是否為一般的模式（pattern）？下述我們將看出，這是肯定的。

兩個方程式

其次，考慮

$$\begin{cases} x = 3q_1 + 2 \\ x = 5q_2 + 3 \end{cases} \quad \cdots\cdots\cdots\cdots\cdots\cdots\cdots\cdots\cdots\cdots⑥$$

的整數解 x。為此，我們考慮更簡單的齊次方程式問題：

$$\begin{cases} x = 3q_1 + 0 \\ x = 5q_2 + 0 \end{cases} \cdots\cdots\cdots\cdots\cdots\cdots\cdots\cdots ⑦$$

這表示 x 可以同時被 3、5 整除，即 x 是 3、5 的公倍數。因為這兩個數互質，所以 $3 \times 5 = 15$ 是它們的最小公倍數。從而，

$$x = 15 \cdot n，n \in \mathbb{Z} \cdots\cdots\cdots\cdots\cdots\cdots\cdots\cdots ⑧$$

是⑦式的齊次方程之通解公式。

如何求得⑥式的一個特解？這可以採用試誤法，也可以系統地來做。今依後者，考慮比⑦式稍微進一步的問題：

$$\begin{cases} x = 3q_1 + 1 \\ x = 5q_2 + 0 \end{cases} \cdots\cdots\cdots\cdots\cdots\cdots\cdots\cdots ⑨$$

這是要在 5 的倍數中

$$\cdots\cdots -10, -5, 0, 5, 10, 15, \cdots\cdots$$

找被 3 除餘 1 者。由於我們只要找一個特解，故不妨選取 $x = 10$。從而

$$\begin{cases} x = 3q_1 + 2 \\ x = 5q_2 + 0 \end{cases} \cdots\cdots\cdots\cdots\cdots\cdots\cdots\cdots ⑩$$

的一個特解為$x = 2 \times 10$。同理，我們找到

$$\begin{cases} x = 3q_1 + 0 \\ x = 5q_2 + 1 \end{cases} \quad \cdots\cdots\cdots\cdots\cdots\cdots\cdots\cdots\cdots\cdots\cdots\cdots\cdots\cdots\cdots\cdots \text{⑪}$$

的一個特解$x = 6$，於是$x = 3 \times 6$為

$$\begin{cases} x = 3q_1 + 0 \\ x = 5q_2 + 3 \end{cases} \quad \cdots\cdots\cdots\cdots\cdots\cdots\cdots\cdots\cdots\cdots\cdots\cdots\cdots\cdots\cdots\cdots \text{⑫}$$

的一個特解。因此

$$x = 2 \times 10 + 3 \times 6 \quad \cdots\cdots\cdots\cdots\cdots\cdots\cdots\cdots\cdots\cdots\cdots\cdots\cdots\cdots \text{⑬}$$

為⑥式的一個特解。

將⑧式與⑬式相加，得到

$$x = 2 \times 10 + 3 \times 6 + 15 \cdot n \text{，} n \in \mathbb{Z} \quad \cdots\cdots\cdots\cdots\cdots\cdots\cdots \text{⑭}$$

這是式的通解公式（窮盡了所有解答）嗎？

答案是肯定的，我們證明如下：根據上述的建構，顯然⑭式為⑥的解答。反過來，設A為⑥式的任意解答，則$A - 2 \times 10 - 3 \times 6$為⑦式的解答，而⑦式的解答形如$15 \cdot n$，因此$A - 2 \times 10 - 3 \times 6 = 15 \cdot n$，亦即$A$可表成

$$A = 2 \times 10 + 3 \times 6 + 10 \cdot n，n \in z$$

換言之，⑥式的任意解答皆可表成⑭之形，所以⑭式為⑥式之通解公式。

孫子問題

現在我們再往前進一步，來到孫子問題，即③式之求解。仿上述辦法，先解齊次方程：

$$\begin{cases} x = 3q_1 + 0 \\ x = 5q_2 + 0 \\ x = 7q_3 + 0 \end{cases}$$

得到通解公式為

$$x = 3 \times 5 \times 7 \times n$$
$$= 105 \cdot n，n \in z \cdots\cdots\cdots\cdots\cdots\cdots\cdots\cdots\cdots\cdots\cdots ⑮$$

其次，我們分別找

$$\begin{cases} x = 3q_1 + 1 \\ x = 5q_2 + 0 \\ x = 7q_3 + 0 \end{cases}$$
$$\begin{cases} x = 3q_1 + 0 \\ x = 5q_2 + 1 \\ x = 7q_3 + 0 \end{cases}$$
$$\begin{cases} x = 3q_1 + 0 \\ x = 5q_2 + 0 \\ x = 7q_3 + 1 \end{cases}$$

之特解，得到$x = 70, x = 21, x = 15$。從而

$$x = 2 \times 70 + 3 \times 21 + 2 \times 15 \quad\cdots\cdots\cdots\cdots\cdots\cdots\text{⑯}$$

為孫子問題（即③式）的一個特解。

　　將⑮式與⑯式相加起來，得到

$$x = 2 \times 70 + 3 \times 21 + 2 \times 15 + 105 \cdot n，n \in \mathbb{Z} \quad\cdots\cdots\cdots\text{⑰}$$

　　我們仿上述很容易可以證明，⑰式就是孫子問題的通解公式。特別地，當$n = -2$時，$x = 23$為最小正整數解。

更一般的情形

最後，我們前進到問題 1（即②式）之求解。根據上述的解法，我們立即可以寫出②式的通解公式：

$$x = 70r_1 + 21r_2 + 15r_3 + 105 \cdot n，n \in \mathbb{Z} \quad \cdots\cdots\cdots\cdots\cdots\cdots\cdots \text{⑱}$$

總而言之，對於孫子問題的求解，我們採取了分析與綜合的方法：將原問題分解成幾個相關的簡易問題（相當於物質之分解成原子），分別求得解答後，再將它們綜合起來（相當於原子之組合成物質）。這裡的綜合包括特解的放大某個倍數，相加，然後再加上齊次方程的通解。這非常相像於原子論的研究物質的組成要素、結構、變化和分合之道。

線性結構

表像與實體（appearance and reality）的關係和互動是哲學的一大主題。通常我們相信，顯現在外的表像，背後有規律可循，亦即大自然按機制來出像。

準此以觀，上述孫子問題的解法，只是技術層面（即表像）而已。我們要再挖深下去，追究潛藏的道理。我們要問：到底背後是

什麼結構，使得我們的解法可以暢行？

　　為了探究這個問題，讓我們對孫子問題作進一步的分析。特別地，我們要轉換觀點。

問題的轉換

　　首先，將②式改寫成

$$\begin{cases} x - 3q_1 = r_1, & 0 \leq r_1 < 3 \\ x - 5q_2 = r_2, & 0 \leq r_2 < 5 \\ x - 7q_3 = r_3, & 0 \leq r_3 < 7 \end{cases}$$ ⑲

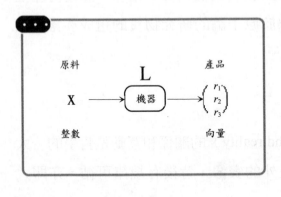

圖一

再將上式看成一個映射（mapping）或一部機器 L（如圖一）。

　　這部機器的運作 $L(x) = \begin{pmatrix} r_1 \\ r_2 \\ r_3 \end{pmatrix}$，由⑲式所定義。

據此，我們原來的問題就變成：已知產品 $\begin{pmatrix} r_1 \\ r_2 \\ r_3 \end{pmatrix}$，要找原料

x，使得 $L(x) = \begin{pmatrix} r_1 \\ r_2 \\ r_3 \end{pmatrix}$。這是一個典型的解方程式問題。

集合加結構

為了要求解這個問題，我們必須研究 L 的性質，以及原料集與產品集的結構。

基本上，我們可以說，現代數學就是研究集合加上結構，由此演繹出的所有的結果。這個結構可以是運算的或公理的等等。

L 的原料集為整數集

$$\mathbb{Z} = \{\cdots, -3, -2, -1, 0, 1, 2, \cdots\}$$

在求解孫子問題的過程中，我們用到了兩個整數 a、b 的加法 $a + b \in \mathbb{Z}$，以及一個整係數 α 與一個整數 a 的係數乘法 $\alpha a \in \mathbb{Z}$。這兩個運算滿足一般數系所具有的一些運算律，例如交換律、分配律等等。

另一方面，由三個整數所組成的一個向量，例如 $\begin{pmatrix} r_1 \\ r_2 \\ r_3 \end{pmatrix}$，就

是 L 的一個產品，而產品集為

$$\mathbb{Z}_3 \times \mathbb{Z}_5 \times \mathbb{Z}_7 = \left\{ \begin{pmatrix} r_1 \\ r_2 \\ r_3 \end{pmatrix} : 0 \leqq r_1 < 3, 0 \leqq r_2 < 5, 0 \leqq r_3 < 7 \right\}$$

兩個向量的相加，以及係數乘法，分別定義為

$$\begin{pmatrix} a_1 \\ b_1 \\ c_1 \end{pmatrix} + \begin{pmatrix} a_2 \\ b_2 \\ c_2 \end{pmatrix} = \begin{pmatrix} a_1 + a_2 \\ b_1 + b_2 \\ c_1 + c_2 \end{pmatrix}$$

$$\alpha \cdot \begin{pmatrix} a \\ b \\ c \end{pmatrix} = \begin{pmatrix} \alpha a \\ \alpha b \\ \alpha c \end{pmatrix}$$

但是，最後所得的結果，必須再經過對 3、5、7 的取模操作（modulus operation），例如

$$\begin{pmatrix} 1 \\ 4 \\ 1 \end{pmatrix} + \begin{pmatrix} 2 \\ 2 \\ 5 \end{pmatrix} = \begin{pmatrix} 3 \\ 6 \\ 6 \end{pmatrix} = \begin{pmatrix} 0 \\ 1 \\ 6 \end{pmatrix} \quad \cdots\cdots\cdots\cdots\cdots\cdots\cdots ⑳$$

$$9\begin{pmatrix} 1 \\ 4 \\ 1 \end{pmatrix} = \begin{pmatrix} 9 \\ 36 \\ 9 \end{pmatrix} = \begin{pmatrix} 0 \\ 1 \\ 2 \end{pmatrix}$$

因為這一切都是起源於對 3、5、7 的除法及餘數的問題，某數被 3 除，餘 0 與餘 3 都表示著同一回事，即某數為 3 的倍數。因此利用對 3 同餘的觀點來看，$1 + 2 = 0$；對 5 同餘的觀點來看，$2 + 4 = 1$；同理，對 7 同餘，那麼 $4 + 5 = 2$。

L 的性質

現在我們知道，L 是從原料集 $\mathbb{Z}$ 到產品集 $\mathbb{Z}_3 \times \mathbb{Z}_5 \times \mathbb{Z}_7$ 之間的一個映射，記成

$$L : \mathbb{Z} \to \mathbb{Z}_3 \times \mathbb{Z}_5 \times \mathbb{Z}_7$$

相對於分合工具的加法與係數乘法，L 具有什麼性質呢？解決孫子問題的分析與綜合法，如何反映成 L 的性質？

我們觀察到

$$L(64) = \begin{pmatrix} 1 \\ 4 \\ 1 \end{pmatrix} , L(47) = \begin{pmatrix} 2 \\ 2 \\ 5 \end{pmatrix}$$

而且

$$L(64 + 47) = L(111) = \begin{pmatrix} 0 \\ 1 \\ 6 \end{pmatrix}$$

由⑳式知

$$L(64 + 47) = L(64) + L(47)$$

同理，易驗知

$$L(9 \times 64) = 9 \cdot L(64)$$

一般而言，我們有：

定理 1. 映射 $L : \mathbb{Z} \to \mathbb{Z}_3 \times \mathbb{Z}_5 \times \mathbb{Z}_7$ 滿足

（Ⅰ）$L(x + y) = L(x) + L(y)$ ⋯⋯⋯⋯⋯⋯⋯⋯⋯⋯⋯⋯⋯ ㉑

（Ⅱ）$L(\alpha x) = \alpha L(x)$ ⋯⋯⋯⋯⋯⋯⋯⋯⋯⋯⋯⋯⋯⋯⋯⋯⋯⋯ ㉒

其中 x、y、α 皆屬於 $\mathbb{Z}$。

我們稱㉑式為 L 具有加性，㉒式為 L 具有齊性。兩者合起來統稱為 L 具有疊合原理（Superposition principle），或稱 L 為一個線性算子（Linear operator）。這兩條性質是由齊一次函數 $f(x) = \alpha x$ 抽取出來的特

徵性質。

這些似乎有點兒抽象，相當於從算術飛躍到代數的情形。但是，抽象是值得的，它使我們看得更清楚，也易於掌握本質、要點。

線性問題的求解

孫子問題就是欲求解線性方程式

$$L(x) = \begin{pmatrix} r_1 \\ r_2 \\ r_3 \end{pmatrix} \quad\text{..㉓}$$

特別地，求解

$$L(x) = \begin{pmatrix} 2 \\ 3 \\ 2 \end{pmatrix} \quad\text{..㉔}$$

L 具有疊合原理（或線性），導致了下列求解線性方程式的三個步驟：

（Ⅰ）齊次方程

先解齊次方程 $L(x) = \begin{pmatrix} 1 \\ 0 \\ 0 \end{pmatrix}$，得到齊次通解

$$x = 105 \cdot n \, , \, n \in \mathbb{Z}$$

(II)非齊次方程

其次,解非齊次方程

$$L(x) = \begin{pmatrix} r_1 \\ r_2 \\ r_3 \end{pmatrix}$$

$$= r_1 \begin{pmatrix} 1 \\ 0 \\ 0 \end{pmatrix} + r_2 \begin{pmatrix} 0 \\ 1 \\ 0 \end{pmatrix} + r_3 \begin{pmatrix} 0 \\ 0 \\ 1 \end{pmatrix} \quad \cdots\cdots\cdots\cdots\cdots\cdots\cdots \text{㉕}$$

的一個特解。為此,我們求

$$L(x) = \begin{pmatrix} 1 \\ 0 \\ 0 \end{pmatrix}$$

$$L(x) = \begin{pmatrix} 0 \\ 1 \\ 0 \end{pmatrix}$$

$$L(x) = \begin{pmatrix} 0 \\ 0 \\ 1 \end{pmatrix}$$

之特解，分別得到 $x = 70, x = 21, x = 15$。作疊合

$$x = 70r_1 + 21r_2 + 15r_3$$

就是㉕的一個特解。

(Ⅲ)再作疊合

將非齊次方程的一個特解加上齊次通解，得到

$$x = 70r_1 + 21r_2 + 15r_3 + 105 \cdot n，n \in \mathbb{Z}$$

就是孫子問題（㉓式）的通解公式。

一般地且抽象地探討向量空間的性質（一個集合具有加法與係數乘法）、兩個向量空間之間的線性算子之內在結構，以及求解相關的線性方程式，這些就構成了線性代數（Linear Algebra）的內容。這是從代數學、分析學、幾何學、物理學的許多實際解題過程中，抽取出來的一個共通的數學理論架構，不但重要而且美麗。

我們也看出，孫子問題是生出線性代數的胚芽之一。這樣的問題就是好問題，值得徹底研究清楚。

習題一：有一堆蘋果，七個七個一數剩下三個，十一個十一個一數剩下五個，十三個十三個一數剩下八個，試求蘋果的個數，包括最小整數解及通解。

中國剩餘定理

孫子問題可以再推廣，將三個數 3、5、7 改成兩兩互質的 n 個正整數，解法仍然相同。

定理 2. 設 $m_1, m_2, \cdots, m_n$ 為 n 個兩兩互質的正整數，則不定方程式

$$\begin{cases} x = m_1q_1 + r_1 \\ x = m_2q_2 + r_2 \\ \quad\vdots \\ \quad\vdots \\ x = m_nq_n + r_n \end{cases} \quad\cdots\cdots\cdots\cdots\cdots\cdots\cdots\cdots\cdots\cdots\cdots\cdots\cdots ㉖$$

存在有解答，並且在取模 $m_1m_2\cdots m_n$ 之下，解答是唯一的。復次，㉖式的通解等於特解加上齊次方程的通解[註]。

———————

註：為了紀念孫子的貢獻，西洋人稱這個定理為孫子定理或中國剩餘定理。

證明：我們只需證明，當 $r_k = 1, r_i = 0, \forall i \neq k$ 時，㉖式存在有整數解即可。令

$$M_k = m_1 m_2 \cdots m_{k-1} m_{k+1} \cdots m_n$$

則 M_k 與 m_k 互質。由歐氏算則（即輾轉相除法）知，存在整數 r, s 使得

$$r M_k + s m_k = 1$$

有整數解。從而

$$r M_k = -s m_k + 1 = 1 \ (\text{mod } m_k)$$

故 $r M_k$ 即為所求的一個解答。再按線性方程的疊合原理，就可以求得㉖式的通解了。證畢。

注意：當 $m_1, m_2, \cdots, m_n$ 不兩兩互質時，㉖式可能無解。

習題二：請讀者舉出反例。

結語

讓代數方法行得通的依據，歸根究柢是數系的運算律，這是代數學的「空氣」或「憲法」。同理，讓線性方程式的求解行得通的依據是，線性疊合的結構（向量空間的運算律及線性算子的特

性），由此發展出線性代數，使我們可以作分析與綜合，達到以簡御繁的境地。

透過各種具體例子的求解過程，逐步錘煉出抽象的數學理論；反過來，數學理論又統合著各種具體問題，讓我們看得更清楚；這一來一往的過程是數學發展常見的模式。這種由具體（特殊）生出抽象（普遍），抽象又含納具體的認識論，值得我們特別留意與欣賞。

物理學家費因曼（R. P. Feynman, 1918～1988）批評物理教育說：物理學家老是在傳授解題的技巧，而不是從物理的精神層面來啟發學生。

這裡的「物理」改為「數學」也適用。

有沒有辦法，既學到技巧又掌握精神呢？我們引頸企盼！

（1998 年 9 月號）

參考資料

1. Feynman, R.P., Surely You're Joking, Mr. Feynman, Adventures of a Curious Character, 吳程遠中譯：《別鬧了，費曼先生──科學頑童的故事》。天下文化出版社，1993 。
2. Burton, D.M., Elementary Number Theory, Third Edition, Wm. C. Brown Publishers, 1994.
3. Mcleish, J., The Story of Numbers, How Mathematics Has Shaped Civilization, Fawcett Columbine, N. Y., 1991.
4. J nich, K., Linear Algebra, Springer-Verlag, 1994.
5. Katz, V. J. A History of Mathematics. Harper Collins College Publishers, 1993.
6. Martzloff, J. C., A History of Chinese Mathematics, Springer-Verlag, 1997.
7. 林聰源，《數學史──古典篇》，凡異出版社，新竹，1995 。
8. 項武義，〈漫談基礎數學的古今中外──從韓信點兵和勾股弦說起〉，《數學傳播》第 21 卷第 1 期，1997 年。
9. 黃武雄，《中西數學簡史》，人間文化事業公司，台北，1980 年。

破解費瑪最後定理

◎—林秋華

任教於銘傳大學應用統計資訊學系

是怎樣的一種熱情，讓一個十歲的男孩決定獻身給數學？數學一定有他令人
著迷的地方，就像所有的藝術一樣，才能讓安德魯‧懷爾思在只是看懂什麼
是費瑪最後定理時，就決定獻身給數學……

OPEN 1/5

FERMAT'S LAST THEOREM
費瑪最後定理

賽門‧辛 Simon Singh／著　薛密／譯
數學博士 周青松／審訂

臺灣商務印書館

書名：費瑪最後定理
作者：Simon Singh
譯者：薛密
出版：臺灣商務印書館

是怎樣的一種熱情，讓一個十歲的男孩決定獻身給數學？數學一定有他令人著迷的地方，就像所有的藝術一樣，數學不只是一門科學，它更是一種藝術，許多的數學家都無形中透露了數學的魅力，就像安德魯‧懷爾思（Andrew Wiles，圖一）對費瑪最後定理的堅持一樣，在他十歲時，他只是看懂什麼是費瑪最後定理，但他卻決定從此獻身給數學。這個三百多

年來困擾著所有數學家的定理，其實它只是一個很淺顯易懂的定理—畢氏定理—的延伸，但卻讓三百多年來的所有數學家都束手無策。本書中詳細地介紹了費瑪最後定理的來龍去脈：本來學數學和沒學數學的人是生活在不同的世界的，但是本書作者卻用最簡單的文字讓這世界所有人都知道費瑪最後定理是怎樣的一個傳奇故事，它激發起了更多數學家的熱心，也讓不懂數學的人更了解數學是一門怎樣讓人著迷的學問。

圖一：安德爾・懷爾思。

　　畢氏定理可說是數學上最偉大的發現之一，畢氏定理是由畢達哥拉斯所發現的，是個很漂亮的定理，它說明了任何直角三角形的邊長都有兩股平方的和等於斜邊平方。也就是 $x^2 + y^2 = z^2$ 有整數解。在畢達哥拉斯那個時代，數學是等於哲學的，畢達哥拉斯更說：「萬物皆是數。」但他們所認為的數只有整數和某些分數，他們並不認識所謂的無理數。很不幸的，第一個無理數就是由畢氏定理發現的，當一個直角三角形的兩股為1時，這時候斜邊的邊長就是

圖二：費瑪。

2 的開方了。但 2 並無法開方。在當時，畢達哥拉斯當然不願去承認這個數來破壞他建立的世界，所以畢達哥拉斯處理2開方的做法就是將發現2開方的那個人處死，這是畢達哥拉斯一生最大的羞辱。但畢達哥拉斯對數學的貢獻仍是不可抹滅的。當然他也不會想到幾千年後，一個叫費瑪（Pierre de Fermat，圖二）的業餘數學家會對他的畢氏定理特別有興趣，而更因此將數學帶到一個更高的境界。

費瑪雖然只是一個業餘數學家，但是他對數字特別敏感，在數學上的貢獻也不輸給別的數學家。曾經有人編寫過業餘數學家的數學史事，卻沒將費瑪編列，因為他認為費瑪是如此的傑出，已經可以稱得上是專業數學家了。當年，費瑪讀到畢氏定理時，他便想如果將平方再往上一格變立方，那還會有解嗎？他更進一步的想，當 $x^n + y^n = z^n$，$n \geq 3$ 時，會有整數解嗎？這是個很迷人的問題，因為它是如此的單純，每個人都可以了解題目的意義，但是它又是如此的困難，因為它牽涉到整數的無窮量，而且它真的沒有整數解。在當

時，費瑪便在他研讀的書中寫下「我有一個對這個命題十分美妙的證明，但是因為這裡空白太小了，我無法寫下」。

很可惜的是在費瑪死後，我們找遍了他的札記也找不到這個美妙證明。費瑪像是跟所有專業數學家開了一個玩笑一般，他竟留下一個他認為已經可以證明的猜想，而三百多年來竟沒有一個專業數學家能解決它。這就是費瑪，他不習慣去研究證明中的每個小細節，他總是能觀察到數學，為了他能繼續研究他所熱愛的數學，他將證明這種繁瑣工作交給別人。而這一次他所留下的竟是這樣的一個大問題，也因此引起了許多數學家的興趣，後來的幾個大數學家都曾嘗試去證明費瑪最後定理，但都告失敗。這也不是沒有好處，因為如此數論得到了很好的進展。當中還發生了一些有趣的小故事。例如：沃爾夫斯凱爾（Paul Wolfskehl，圖三）並不是什麼偉大的數學家，但他卻和費瑪最後定理有著不可割捨的關係。話說當時沃爾夫斯凱爾正迷戀著一位女性，很遺憾的是他被拒絕了，想不開的他決定要自殺，而且很謹慎地計畫他的死亡，最後他決定

圖三：沃爾夫斯凱爾。

了自殺的日子，並打算在午夜時開槍射擊自己的頭部。沃爾夫斯凱爾是如此謹慎小心的人，以至於自殺當天他提前在午夜就將所有的事情都弄好了。為了消磨這段時間，他到圖書館看數學古籍，就這樣他被一系列有關費瑪最後定理的東西給迷住了，甚至他認為他找到了庫默爾在解釋柯西和拉梅失敗的原因上的一個漏洞。沃爾夫斯凱爾是如此的專心，以至於他錯過了他自殺的時間。直到黎明，沃爾夫斯凱爾才完成他的工作，他補起了庫默爾的漏洞，但是費瑪最後定理依舊不可解。數學重新喚起了沃爾夫斯凱爾的生命欲望，就這樣沃爾夫斯凱爾改寫了他的遺囑，他決定將他財產中的十萬馬克當做一個獎，給任何能證明費瑪最後定理的人。這個誘惑是如此的大，一下子許多是與不是的數學家都投入費瑪最後定理的工作。這可能是費瑪最後定理最有意義的地方，因為它救活了一個人，也因此費瑪最後定理的身價大為提高。

其實近三百多年，關於費瑪最後定理的傳說很多，在在都說明它的困難性，或許我們會不斷想知道當初費瑪那個美妙證明到底是如何證的，竟讓三百多年來的許多數學家都束手無策。當年費瑪懂的並沒有今日的我們多，他是如何看出當 $x^n + y^n = z^n$，$n \geq 3$ 時，沒有整數解的呢？對於這樣的一個數學怪傑，除非他活過來，不然我們永遠也不會知道那個證明有多美妙！

安德魯·懷爾思，在 1993 年公開表示他已經證明費瑪最後定理了（圖四）。這是讓許多數學家很興奮的一件事，這個數學家幾乎要放棄了的猜想，終於有人要終止它了。沒錯，安德魯·懷爾思就是那個當年只有十歲就立志要獻身給數學的小孩。安德魯·懷爾思邁向數學家的過程並不難，但是研究費瑪最後定理的確讓安德魯·懷爾思吃足了苦頭。為了能專心研究，安德魯·懷爾思有長達七年的時間不參加任

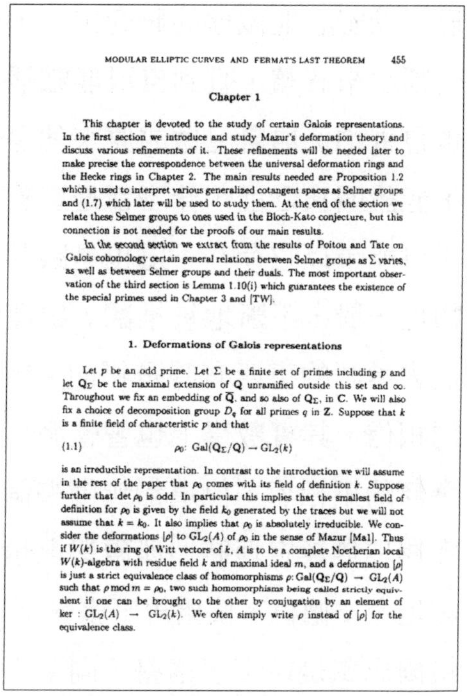

MODULAR ELLIPTIC CURVES AND FERMAT'S LAST THEOREM 455

Chapter 1

This chapter is devoted to the study of certain Galois representations. In the first section we introduce and study Mazur's deformation theory and discuss various refinements of it. These refinements will be needed later to make precise the correspondence between the universal deformation rings and the Hecke rings in Chapter 2. The main results needed are Proposition 1.2 which is used to interpret various generalized cotangent spaces as Selmer groups and (1.7) which later will be used to study them. At the end of the section we relate these Selmer groups to ones used in the Bloch-Kato conjecture, but this connection is not needed for the proofs of our main results. In the second section we extract from the results of Poitou and Tate on Galois cohomology certain general relations between Selmer groups as Σ varies, as well as between Selmer groups and their duals. The most important observation of the third section is Lemma 1.10(i) which guarantees the existence of the special primes used in Chapter 3 and [TW].

1. Deformations of Galois representations

Let p be an odd prime. Let Σ be a finite set of primes including p and let Q_Σ be the maximal extension of $\mathbf{Q}$ unramified outside this set and ∞. Throughout we fix an embedding of $\bar{\mathbf{Q}}$ and so also of Q_Σ in $\mathbf{C}$. We will also fix a choice of decomposition group D_q for all primes q in $\mathbf{Z}$. Suppose that k is a finite field of characteristic p and that

$$(1.1) \qquad \rho_0: \operatorname{Gal}(Q_\Sigma/\mathbf{Q}) \to GL_2(k)$$

is an irreducible representation. In contrast to the introduction we will assume in the rest of the paper that ρ_0 comes with its field of definition k. Suppose further that $\det \rho_0$ is odd. In particular this implies that the smallest field of definition for ρ_0 is given by the field k_0 generated by the traces but we will not assume that $k = k_0$. It also implies that ρ_0 is absolutely irreducible. We consider the deformations $[\rho]$ to $GL_2(A)$ of ρ_0 in the sense of Mazur [Ma1]. Thus if $W(k)$ is the ring of Witt vectors of k, A is to be a complete Noetherian local $W(k)$-algebra with residue field k and maximal ideal m, and a deformation $[\rho]$ is just a strict equivalence class of homomorphisms $\rho: \operatorname{Gal}(Q_\Sigma/\mathbf{Q}) \to GL_2(A)$ such that $\rho \bmod m = \rho_0$, two such homomorphisms being called strictly equivalent if one can be brought to the other by conjugation by an element of $\ker : GL_2(A) \to GL_2(k)$. We often simply write ρ instead of $[\rho]$ for the equivalence class.

圖四：懷爾斯所發表的證明之第一頁，整個證明有一百頁以上。

何跟費瑪最後定理無關的研討會或餐會，當時他已經有了一些年紀了，在數學界，研究是屬於年輕人的事，而老年人則適合寫書和教書。而所謂的老年人指的是二十五歲以後的數學家。數學家的數學壽命是很短暫的，所以當年已經二十五歲的安德魯·懷爾思開始不參加數學研討會，也沒多少人覺得有異樣。就這樣，安德魯·懷爾

思可以安心地做他的研究工作，只要跟費瑪最後定理有關的東西，他都拿來研讀，直到自己能靈活運用為止。他是這麼的堅持，但他也會害怕，怕自己做的原來就是個錯的東西。數學就是這樣，在還不能證明它之前，什麼都是冒險的。只有完完整整的證明它，我們才可能予以它存在。這也是跟其他學科很大的不同點，數學不會像物理一般，不斷地被推翻，物理現象在不斷的發現過程中，會發現過去承認的東西有時是錯的。數學不會，雖然我們不能證明，但我們相信。其實數學上也曾經發生過許多的爭議，如非歐幾何和歐氏幾何的不相容，但這都無傷整個數學的發展。安德魯・懷爾思在研究費瑪最後定理時，偶爾報上也會出現有關費瑪最後定理的報導，總是令安德魯・懷爾思緊張一下。但是還好，在 1993 年，安德魯・懷爾思還是站上了講臺，向臺下來自世界各地兩百個數學家講解費瑪最後定理的證明。聽說當時，只有四分之一的人還知道安德魯・懷爾思到底說些什麼。這的確是很大的一個挑戰，安德魯・懷爾思完成了數學上最難的難題（圖五）。但安德魯・懷爾思也不是一次就完成費瑪最後定理的，那次講解後，還出現了一些爭議，幸好最後還是給解決了。這也是安德魯・懷爾思成功的地方，從來沒人能在給出證明後，還能補救自己證明的缺陷。

是的，費瑪最後定理解決了，只是一個十七世紀的問題我們用

二十世紀的方法解決。有人說費瑪當年的那個美妙證明一定還是有缺陷，只是費瑪自己沒能完整寫出來；也或許費瑪已經發現他的證明有缺陷，所以他沒留下任何關於這個定理的證明。且不管如何，二十世紀的安德魯·懷爾思確實解決它了，但能了解證明過程的卻只是少數。數學耐人尋味的地方就在這裡，一個誰都懂的定理，卻要花上所有數學家三百多年的時間。反而有時候看似很難的東西，用數學一下子就解出來了。也難怪有人研究數學可

圖五：懷爾斯發表了費瑪最後定理的證明後，《紐約時報》報導了他的證明。

以到廢寢忘食的地步。同樣的，對數學不感興趣的人，就是覺得數學只是一些強詞奪理。曾經有人就問，我們是因為知道 1, 2, 3……，所以才有所謂的 x^n，如果我們的世界只是 0 和 1，那是不是 x^n 永遠不可能出現？也有人質疑，我們到底是硬造出數學來符合一些我們要的東西？還是數學本來就存在，我們只是把它條理化，讓它更易

懂？畢竟對不懂數學的人而言，微積分像是天書一般難。

（本文圖片由臺灣商務印書館提供）

（1998 年 7 月號）

碎形的魅力

◎—廖思善

任教於中興大學物理系

雖然碎形的數學性質困難，非數學家難以駕馭，但是利用電腦製造漂亮的碎形卻是輕而易舉的事。只要上過高中數學又會一點簡單的程式語言，就可以遨遊於美麗的碎形世界！

碎形是自然的幾何，碎形與混沌密不可分，碎形可以用來編碼，壓縮資料；碎形可以研究都市的變遷、模擬股市的起伏……。究竟碎形有何魅力，讓各個領域的人都喜歡談論它，本文將告訴你其中秘密。

曲線的長度與量尺有關

碎形（fractals）起源於對於長度的量度所產生的問題。以圖一如雪花般的曲線的長度測量為例。

假設你僅有的一把尺，令其長度為 1，用它來量圖一曲線的長度（圖二）。因為量不到微小轉折，所以得到的長度為 12。但如果你

有原來尺$\frac{1}{3}$長的尺，則可以量到部分的轉折（圖三）。

因此你得到的長度為$\frac{1}{3} \times 48 = \frac{4}{3} \times 12$。如果再用更短的尺，你量的曲線長度，預期又會不一樣，我們因此得到一個結論：曲線的長度與量尺有關。

你的第一個反應可能是，用較長的尺因為量不到細微的轉折，所以得到的只是估計值，本來就有誤差。這是精密度問題，沒啥新鮮。你的想法完全正確！不過如果數學家曼德保（B. Mandelbrot）也如此想，不再仔細研究，就不會有近二十年來碎形理論的蓬勃發展！[1]

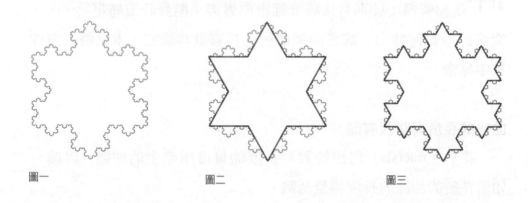

圖一   圖二   圖三

---

1 對碎形起源感興趣的讀者，可參考碎形一詞創始人曼德保（B. Mandelbrot）寫的書：The fractal geometry of nature , Benoit B. Mandelbrot, W.H. Freeman and Company, New York, 1977。

寇赫曲線

極限的概念在十九世紀後，人們已習以為常了。所以，把上一段所談到的例子推至極限的情況，對數學家來說，是個很自然的「本能反應」。德國數學家寇赫（Koch）就提出建構圖一曲線無窮疊代的方式。首先取一個正三角形（圖四）。

將三角形的每一邊三等分，取中間那一等分做一往外凸起的正三角形，然後擦去原來中間一等分，得到如（圖五）：

圖五總共有十二條線段，將每條線段重復上述的動作，我們得圖六。

對（圖六）的四十八條線段再重復上述動作，如此疊代無窮多次，所得到的曲線稱做寇赫曲線，圖一就是其近似圖形。這無窮多次疊代後所得的曲線的長度為何？假設原來三角形的邊長為 3，讀者很容易算出寇赫曲線的長度為

$$\lim_{n \to \infty} 3 \times \left(\frac{4}{3}\right)^n = \infty$$

沒錯，是無窮大！不過無窮大也不是多嚇人，只是它不實用。譬如我們會說這東西比那東西長，這東西比那東西小等等。可是如果有些曲線只知道它們都是無窮長，就很難比較其長度。所以曼德

圖四　　　　　　　　圖五　　　　　　　　圖六

保認為，對於寇赫曲線這種形狀的東西，測量其長度不具意義。但這些曲線的面積都為 0，也不具意義。欲得到一個有意義、可以用來比較大小的測度，必須將寇赫這一類曲線視為介於一維（可以用長度來測量）與二維（可以用面積來測量）之間的幾何體，它的維度大於 1，小於 2，不再是整數。曼德保將之統稱為 "fractals"，中文翻譯成「碎形」（取 fracture 含義）或「分形」（取 fraction 含義）。

　　二維的幾何體，其大小（面積）與一維尺度的平方成正比；維度為 D 的碎形，其大小與一維尺度的 D 次方成正比。寇赫曲線的碎形維度 D 為何？我們取圖一雪花的一邊來分析。

　　如（圖七）兩個相似的寇赫曲線，其一維的尺度相差三倍，因為圖七(a)可以分為成四個完全相等於圖七(b)的圖形，所以圖七(a)的大小應該是圖七(b)的的四倍，亦即

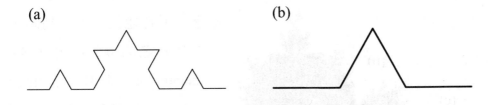

(a)　　　　　　　　　　(b)

圖七

$$3_D = 4$$

所以　$D = \dfrac{\log 4}{\log 3} \approx 1.26$

　　亦即寇赫曲線的碎形維度約為 1.26。在這個維度來測量,就可以比較其間的大小。

碎形之美

　　老實講,非整數維度的幾何及其相關的測度、分析等,一般人最多只覺得新鮮一下下,除了數學家外,很少人會對它感興趣。顯然,碎形能夠如此風行,必另有其魅力。

　　碎形的無比魅力隱藏在碎形圖案之中。碎形圖案有如百聽不厭的音樂,優美的主旋律在繁複的變奏中反覆出況。繁複的變奏保持

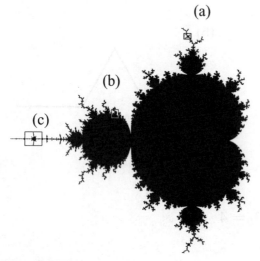

(a)

(b)

(c)

圖八：曼德保集

新鮮刺激，而熟悉的主旋律令人不致迷失。圖八到圖十二為有名的曼德保集（Mandelbrot set）及其局部的放大圖。它的邊界就是最具代表性的碎形。各個尺度的放大圖案變化無窮，然而葫蘆狀的本體，不斷地出現在邊界各個尺度的放大圖中。

碎形的魅力建立在其特有的兩個性質：無窮的結構與自我相似性。亦即放大至任何尺寸，它都仍然具有曲折多變的面貌，而且各個尺寸的圖案間都具有相似的性質。這兩個性質很容易從寇赫曲線看出來。

一幅優美的圖畫，如果只有特殊天分的畫家才能畫得出來，例如艾雪（Escher）的畫，[2] 人們恐怕也止於欣賞與讚嘆。魅力無窮的

2　藝術家 M.C. Escher 的畫具有碎形的特性，有興趣的人請參考「艾雪的世界」網站（http://www.WorldOfEscher.com/）。（編按：也可參考《科學月刊》1997 年 9 月號 P.741～764）

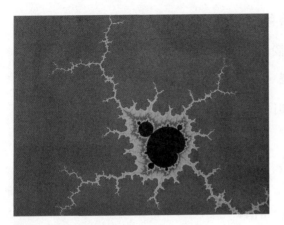

圖九：圖八(a)框放大圖

圖十：圖八(b)框放大圖

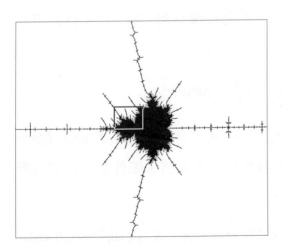

圖十一：圖八(c)框放大圖

圖十二：圖十一方框的放大圖

碎形能夠風行尚藉助另一項特色。雖然碎形的數學性質困難,非數學家難以駕馭,但是利用電腦製造漂亮的碎形,卻是輕而易舉的事。一個人只要學過高中數學,又會一點簡單的程式語言,就可以遨遊於美麗的碎形世界![3]例如下面簡單的例子就可以製造出超乎你能想像,相似又多變的碎形。

先隨便選擇一個複數 $c = c_x + ic_y$,然後再選擇一個複數

$$z_0 = x_0 + iy_0,計算$$
$$z_1 = y_0^2 + c$$
$$= (x_0^2 - y_0^2 + c_x) + i(2x_0y_0 + c_y)$$

得到 z_1 後再計算 $z_2 = z_1^2 + c$。如此反覆直到 $z_n(z_{n-1}^2 + c)$ 的絕對值大於 1000

$$|z_n| = x_n^2 + y_n^2 > 1000^2$$

才停止計算。記下 z_0 的座標與 n 的值。然後用相同的 c 值選擇另一個 z_0,做上述的計算,再記下其相對應的 n 值。如此反覆選取複數

---

3 想要一覽碎形之美,可上網進入「無窮碎形圖」網站(http://www.fractalus.com/)。你可以欣賞百餘位碎形創作高手的美麗作品。

```
cx = −0.7454
cy = 0.1130
do          i = 1,1000            x0 從 − 2 掃瞄到 2
            x0 = − 2 + 0.004×i
do          j = 1,1000            y0 從 − 2 掃瞄到 2
            y0 = − 2 + 0.004×j
            x = x0
            y = y0
            n = 0
            do   while ( x² + y² < 1000²   and   n < 100 )
                n = n + 1
                t = x² − y² + cx
                y = 2xy + cy
                x = t
            end  do
            color = set_color(n)        用 n 值來設定顏色
            draw_point(x0, y0, color)   用所設定的顏色在 (x0, y0) 處畫點
end do
end do
```

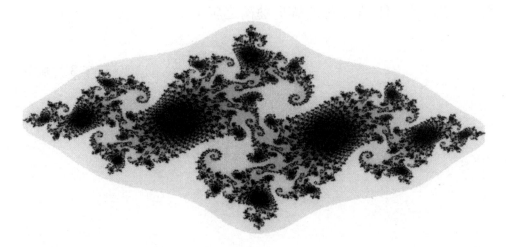

圖十三

平面上某一區域的點的z_0值並記下它們相對應的 n 值。然後將具有相同 n 值的所有 z_0 點塗上一個共同顏色，不同 n 值的點用不同顏色，就可以看到一幅漂亮的碎形圖案。例如 c 值若取為 $c = -0.7454 + 0.1130i$，則得到圖十三，當然顏色可依個人喜好自訂。

　　將上面的計算步驟用程式寫出來，非常簡單，以類似 Fortran 的程式語言來寫，其結構如右：改變顏色的設定方式（即程式結構倒數第 4 行）就可以得到不同的色彩效果。例如若 n 為偶數與奇數各用一個色系，就可以得到色彩不同於圖十三的效果。若選擇不同的 c 值就可以得到截然不同的碎形。讀者若知道如何利用程式設定顏色與畫點，馬上就可以開始你的碎形藝術之旅了！

（2000 年 3 月號）

數學中最美的等式
──數‧生活與學習

◎─單維彰

任教中央大學數學系

　　《科學月刊》很稀奇地上演一場數學專題，為數學在金融、密碼、演算與藝術等方面的面貌各舉一隅，也算是數學在這個園地裡難得一次的團圓吧。沾上這種喜氣，本欄也要讓過去十個月（跟懷胎一樣長）提過的數學課題在這裡來個大團圓。真可惜這一篇不是寫在陰曆年的時候。

　　$e \approx 2.71828$ 這個我們稱為「第五常數」的無理數，在數學中非常重要，因為所有的次方計算 x^y（其中 x 是個正數，y 是任意實數）都是通過它計算出來的。亦即 $x^y = e^{y \ln x}$，其中 $\ln = \log_e$ 是以 e 為底的對數（2006 年 12 月）。但是 e 的次方又該怎麼算？那要通過微積分，靠著「提供無窮資源」的無窮級數來計算到任意需要的位數（2007年 2 月）：

$$e^x = 1 + x + \frac{x^2}{2!} + \frac{x^3}{3!} + \frac{x^4}{4!} + \cdots\cdots$$

上述公式本來只代入實數的 x；但是，如果代入複數會怎樣呢？這就是拓展指數函數的定義域到複數去。複數經常帶來令人驚奇甚至驚豔的結果，例如二次多項式本來說沒有解的，引進複數之後不但永遠有解，而且一定有兩個解；又例如本欄在 2007 年 4 月和 6 月所舉的美麗圖像和數學公式。如果 $a + bi$ 是一個複數：a 和 b 都是實數，$i = \sqrt{-1}$ 是單位虛數，則根據指數律 $e^{a+bi} = e^a \times e^{bi}$，其中 e^a 那一部分是舊的實數指數計算，所以我們只要探討純虛數的指數計算，就知道複數的指數計算了。

令 x 是個實數，我們習慣以 ix 形式寫一個純虛數的變數，「盲目地」代入前面的無窮級數：

$$e^{ix} = 1 + ix + \frac{(ix)^2}{2!} + \frac{(ix)^3}{3!} + \frac{(ix)^4}{4!} + \cdots\cdots$$

因為複數計算的交換律，所以 $(ix)^2 = i^2 x^2$，$(ix)^3 = i^3 x^3$，$(ix)^4 = i^4 x^4$，$\cdots\cdots$。但是 $i = \sqrt{-1}$，所以 $i^2 = (\sqrt{-1})^2 = -1$，$i^3 = i^2 \times i = -i$，$i^4 = i^2 \times i^2 = (-1)(-1) = 1$。於是我們看到一種「週期」性：$i^5 = i^4 \times i = i$，$i^6 = i^2 = -1$，$i^7 = i^3 = -i$，$\cdots\cdots$。這是讀者們在高一時

期玩得很熟練的把戲，這把戲的偉大應用就要出現了！

　　利用單位虛數次方的週期性，前面那個「盲目」代入的式子就可以變個樣子，而不那麼「盲目」了。我們多寫幾項備用：

$$e^{ix} = 1 + ix - \frac{x^2}{2!} - i\frac{x^3}{3!} + \frac{x^4}{4!} + i\frac{x^5}{5!} - \frac{x^6}{6!} - i\frac{x^7}{7!} + \frac{x^8}{8!} + i\frac{x^9}{9!} - \cdots\cdots$$

　　我們曾經問：為什麼好端端地突然不用「度」來度量角，而要改成用「弧」呢？也曾說明是為了微分公式的簡單（2007 年 5 月）。如果用弧作單位，則 $\sin\theta$ 的微分是 $\cos\theta$，再微分是 $-\sin\theta$，微三遍是 $-\cos\theta$，微四遍就回到 $\sin\theta\cdots\cdots$。前面所謂的「簡單」，其實是一種「週期」性；而且，跟單位虛數的次方一樣，也是每四次一個週期。這兩種同步的週期，有一個深刻的關聯，就發生在正弦和餘弦函數的無窮級數上（前個月）：

$$\sin x = x - \frac{x^3}{3!} + \frac{x^5}{5!} - \frac{x^7}{7!} + \frac{x^9}{9!} - \cdots\cdots$$

　　和

$$\cos x = 1 - \frac{x^2}{2!} + \frac{x^4}{4!} - \frac{x^6}{6!} + \frac{x^8}{8!} - \cdots\cdots$$

再觀察 e^{ix} 的級數，看到奇數次方項都有單位虛數，偶數次方項都沒有。把沒有虛數的集合在一起，也把有虛數的集合在一起，並且提出共同項（也就是單位虛數），就是：

$$e^{ix} = \left(1 - \frac{x^2}{2!} + \frac{x^4}{4!} - \frac{x^6}{6!} + \frac{x^8}{8!} - \cdots\cdots\right) + i\left(x - \frac{x^3}{3!} + \frac{x^5}{5!} - \frac{x^7}{7!} + \frac{x^9}{9!}\right)$$

和前面 sin 與 cos 的級數比一比，這不就是 $e^{ix} = \cos x + i\sin x$ 嗎？

如此一來，我們就將標準指數函數 e^x 的定義域，從實數拓展到了複數。美妙的事情之一，是棣美弗定律

$$(\cos\theta + i\sin\theta)^n = \cos n\theta + i\sin n\theta$$

就只是我們熟知的指數律：

$$(\cos\theta + i\sin\theta)^n = (e^{i\theta})^n = e^{i(n\theta)} = \cos n\theta + i\sin n\theta$$

那麼，要如何將自然對數 $\ln x$ 的定義域從實數拓展到非零的複數呢？我們曾說複數本質上就是平面向量（2007 年 4 月），而向量有兩個屬性：長度和方向。任給一個非零複數 $z = a + bi$（a 和 b 是不同時為零的實數），其長度為 $r = |z| = \sqrt{a^2 + b^2}$，而它的方向可以用 z 與正向實軸（右方）的夾角 θ 來表示。所以 $z = re^{i\theta}$ 就是複數的長度

與方向表示法，其中 r 是一個正數（當我們說「正數」就隱含了它是實數的意思，因為複數不能比大小，所以沒有大於零的複數，也就沒有所謂的正複數）而 $0 \leq \theta \leq 2\pi$ 是 z 的主幅角。用這個形式，根據對數律就能計算 $\ln z = \ln(re^{i\theta}) = \ln r + i\theta$。所以就連負數都可以做對數計算了，例如：$-2$ 相當於長度是 2，而主幅角是 π 的複數，所以 $\ln(-2) = \ln(2e^{i\pi}) = \ln 2 + i\pi$。又例如 $1 + i$ 的長度是 $\sqrt{2}$，主幅角是 $\dfrac{\pi}{4}$，所以

$$\ln(1 + i) = \ln\sqrt{2} + i\frac{\pi}{4} = \frac{2\ln 2 + i\pi}{4}$$

我們那個時候的學生，在國中就開始學虛數。當我學習 $\sqrt{i}$ 和一般複數的平方根算法之後，覺得那個計算實在太酷了（那時候「酷」還沒有這種用法，我們男生都用一個比較粗俗的字眼，我不好意思寫出來）。然後我就開始問自己：i^i 要怎麼算？我用盡了當時該知道的所有辦法，都解不出來。於是（可能是出於偷懶）我把一下午的數學遊戲寫在生活週記上（那時候我們都用毛筆寫生活週記）。我的導師，張秀蓮女士（不是金管會的那位），是生物科的教師，很疼愛學生。想必她當時認真地讀了我那份週記，就幫我去問數學老師：i^i 要怎麼算？他說，沒這回事。張老師不放心，又去另

一間辦公室，問當時的王牌數學老師，他在補習班也很紅的。得到同一個答案：沒這回事。於是張老師把「答案」寫在我的週記簿上（用紅色的毛筆）：沒有這種計算，別鑽牛角尖了。

但是，各位老師、各位同學、各位看倌，每一個數學系三年級的學生都應該知道這種計算。根據次方計算的定義：$i^i = e^{i\ln i}$。而 i 就相當於平面上 $(0, 1)$ 這個點，它的長度是 1，主幅角是 $\theta = \dfrac{\pi}{2}$。所以 $\ln i = \ln 1 + i\left(\dfrac{\pi}{2}\right) = i\left(\dfrac{\pi}{2}\right)$，於是

$$i^i = e^{i\ln i} = e^{i(i\frac{\pi}{2})} = e^{-\frac{\pi}{2}} \approx 0.2079$$

它居然是個實數？「酷」吧？

我的國中數學老師，可能沒想到有一天我會在《科學月刊》寫專欄；但我相信張老師並不會感到太意外，雖然她可能看不懂我在寫什麼。我不知道一名國中生如果從去年 10 月讀到這裡，是不是能夠「跟隨」上面的計算？我總認為，如果自己在國三那年讀到這一系列文章，就算不能理解，至少也可以跟隨。

那麼，數學中最美的等式，究竟是誰？因為 $e^{i\pi} = \cos\pi + i\sin\pi = -1$，所以，就是她：

$$e^{i\pi} + 1 = 0$$

數學中最重要的五個常數：$1, 0, \pi, i$ 和 e，最基本的三個計算：加法、乘法和次方，最核心的一個觀念：等於，各自經歷了漫長而坎坷的輪迴，尋尋覓覓，卻因為那前世註定的深刻因緣：微積分，終於聚在一起了。

（2007 年 8 月號）

《物理新論》
倪簡白　主編
定價　350元

　　物理這一學科所發表的文章更是難以計數，因為篇幅的關係，所以選擇少數代表性的文章，而且以近二十年為主。本書從中特別節選十九篇，其中包含二位獲諾貝爾獎的楊振寧與李政道寫的三篇文章外，和其他著名大學物理系教授的專文編成專書，其內容主要皆是介紹物理新觀念與最新發展。

《生物醫學》
江建勳　主編
定價　250元

　　本書包含十一個議題：愛滋病、胚胎學、基因治療法、精神疾病、癌症病毒、試管嬰兒、流行性感冒、肥胖、演化、醫學及蛋白質螢光。有關介紹 2008 年諾貝爾獎得主與成就的相關文章就有三篇。其他文章都相當有趣，值得讀者細細品嚐。

《科學史話》
張之傑　主編
定價　320元

　　「科學史話」由兩岸科學史家聯合執筆，內容寓知識於趣味，是《科學月刊》最受歡迎的欄目之一。本書選取該欄目有關中國的部分 50 篇，隨意披閱，隨時會帶給您意外的驚喜。每篇 800 字～1800 字的短文，不必花費多少時間，就能博古通今，這是何等樂趣！

《當天文遇上其他科學》
曾耀寰 主編
定價 300元

　　隨著各類科學的快速進展，天文學和其他科學的
關連也益發密切，天文學的研究範圍包山包海，除了
傳統的天文觀測，應用其他領域的專業技術是不可避
免。本書便是以天文學與其他領域的關連與應用為主
軸，以統整的方式介紹在最近十年發表的天文專文，
希望讓讀者能有更寬闊的眼光，欣賞我們的宇宙。

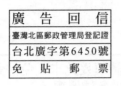

廣　告　回　信
臺灣北區郵政管理局登記證
台北廣字第6450號
免　貼　郵　票

100台北市重慶南路一段37號

臺灣商務印書館　收

對摺寄回，謝謝！

傳統現代　並翼而翔

Flying with the wings of tradtion and modernity.

讀者回函卡

感謝您對本館的支持，為加強對您的服務，請填妥此卡，免付郵資寄回，可隨時收到本館最新出版訊息，及享受各種優惠。

- 姓名：＿＿＿＿＿＿＿＿＿＿　性別：□ 男　□ 女
- 出生日期：＿＿＿＿年＿＿＿＿月＿＿＿＿日
- 職業：□學生　□公務(含軍警)　□家管　□服務　□金融　□製造
　　　　□資訊　□大眾傳播　□自由業　□農漁牧　□退休　□其他
- 學歷：□高中以下（含高中）□大專　□研究所（含以上）
- 地址：＿＿＿＿＿＿＿＿＿＿＿＿＿＿＿＿＿＿
　　　　＿＿＿＿＿＿＿＿＿＿＿＿＿＿＿＿＿＿
- 電話：(H)＿＿＿＿＿＿＿＿　(O)＿＿＿＿＿＿＿
- E-mail：＿＿＿＿＿＿＿＿＿＿＿＿＿＿＿＿＿
- 購買書名：＿＿＿＿＿＿＿＿＿＿＿＿＿＿＿＿
- 您從何處得知本書？
　　　□網路　□DM廣告　□報紙廣告　□報紙專欄　□傳單
　　　□書店　□親友介紹　□電視廣播　□雜誌廣告　□其他
- 您喜歡閱讀哪一類別的書籍？
　　　□哲學‧宗教　□藝術‧心靈　□人文‧科普　□商業‧投資
　　　□社會‧文化　□親子‧學習　□生活‧休閒　□醫學‧養生
　　　□文學‧小說　□歷史‧傳記
- 您對本書的意見？（A/滿意　B/尚可　C/須改進）
　　　內容＿＿＿＿＿　編輯＿＿＿＿＿　校對＿＿＿＿＿　翻譯＿＿＿＿＿
　　　封面設計＿＿＿＿＿　價格＿＿＿＿＿　其他＿＿＿＿＿
- 您的建議：＿＿＿＿＿＿＿＿＿＿＿＿＿＿＿＿

＿＿＿＿＿＿＿＿＿＿＿＿＿＿＿＿＿＿＿＿＿＿＿＿

※ 歡迎您隨時至本館網路書店發表書評及留下任何意見

臺灣商務印書館　The Commercial Press, Ltd.

台北市100重慶南路一段三十七號　電話：(02)23115538
讀者服務專線：0800056196　傳真：(02)23710274
郵撥：0000165-1號　E-mail：ecptw@cptw.com.tw
網路書店網址：http://www.cptw.com.tw　部落格：http://blog.yam.com/ecptw
臉書：http://facebook.com/ecptw